Configuración general del esqueleto de la cabeza

La colección Docencia tiene como función principal la de presentar publicaciones destinadas a la enseñanza universitaria, en todos los campos del saber, que se fundamenten en los resultados de estudios recientes para conformar un corpus de consulta acorde a las necesidades formativas actuales, para así constituir una biblioteca básica para docentes y discentes.

Comité científico de la colección

Configuración general del esqueleto de la cabeza

José Francisco Rodríguez Vázquez

Primera edición: febrero 2025

©   2025, José Francisco Rodríguez Vázquez
©   2025, Ediciones Complutense
     Pabellón de Gobierno
     Isaac Peral s/n
     28015 Madrid
     913 941127
     info.ediciones@ucm.es
     www.ucm.es/ediciones-complutense

ISBN: 978-84-669-3899-0
Depósito Legal: M-2435-2025

Diseño de cubiertas de la colección: Koln Studio

Imagen de cubierta: Freepik

Impresión
     Solana e Hijos Artes Gráficas
     San Alfonso, 26 B° La Fortuna
     28917 Leganés (Madrid)

Ediciones Complutense es miembro de Unión de Editoriales Universitarias Españolas
(UNE) y está asociado a Cedro.

Ediciones Complutense garantiza un riguroso proceso de selección y evaluación
de los trabajos que publica.

Printed in Spain

Índice

Prefacio

El esqueleto de la cabeza, y específicamente el cráneo, tiene una gran importancia por sus relaciones y una gran complejidad por los numerosos detalles que presenta. Personalmente creo que, para su comprensión es imprescindible realizar un estudio metódico en conjunto, ya que al estar sus huesos articulados por suturas o sincondrosis forman una unidad morfológica y funcional, y solo de esta manera se puede llegar a su entendimiento e interpretación por las técnicas de imagen. Por ello, una visión desde esta perspectiva, facilita al estudiante y al clínico la comprensión de la base y fosas del cráneo así como de los numerosos nervios y vasos que pasan por sus orificios.

Esta monografía del esqueleto de la cabeza pretende ser una completa, precisa y metódica guía para su conocimiento, con un cambio del estudio descriptivo tradicional de cada hueso a un enfoque integral. Se hace una excepción a las cavidades de la porción petrosa del hueso temporal, conducto auditivo externo, oído medio y oído interno cuyo estudio debe realizarse con los órganos de los sentidos.

Los dibujos originales previamente diseñados por nosotros han sido reproducidos por Cristina Navarro Collin, licenciada en Bellas Artes y dibujante del Departamento de Anatomía y Embriología de la UCM, a la que agradezco su minuciosidad en la elaboración final, en ellos se ha procurado que sean reales al tiempo que didácticos.

Se ha utlizado la nomina anatómica actual, pero como algunas denominaciones no aparecen recogidas en la misma se han usado bien los términos más frecuentes, bien los epónimos por los que son conocidos.

Introducción

El esqueleto de la cabeza situado sobre la columna vertebral con cuya primera vértebra atlas se articula, está constituido por el cráneo y la mandíbula (Figura 1). El cráneo corresponde a la porción voluminosa, que contiene al encéfalo, está formado por un conjunto de huesos cuya característica fundamental es la de estar articulados por sinartrosis. En él se observa una porción superior, la calvaria o bóveda, neurocráneo membranoso y otra inferior denominada base, neurocráneo cartilaginososo. La parte del cráneo situada sobre su mitad anterior y destinada a alojar la mayor parte de los órganos de los sentidos y cavidad bucal, se denomina macizo facial superior (Figura 1). La mandíbula, que forma el macizo facial inferior constituye un hueso impar central y simétrico articulado con el cráneo por las únicas articulaciones móviles existentes en la cabeza, con independencia de las articulaciones de los huesecillos del oído, localizadas en la cavidad timpánica. Tanto el macizo o región facial superior como la mandíbula, constituyen la cara, corresponde al viscerocránco o esplacnocráneo, el hueso hiodes aunque pertenece al viscerocráneo, se sitúa topográficamente en el cuello.

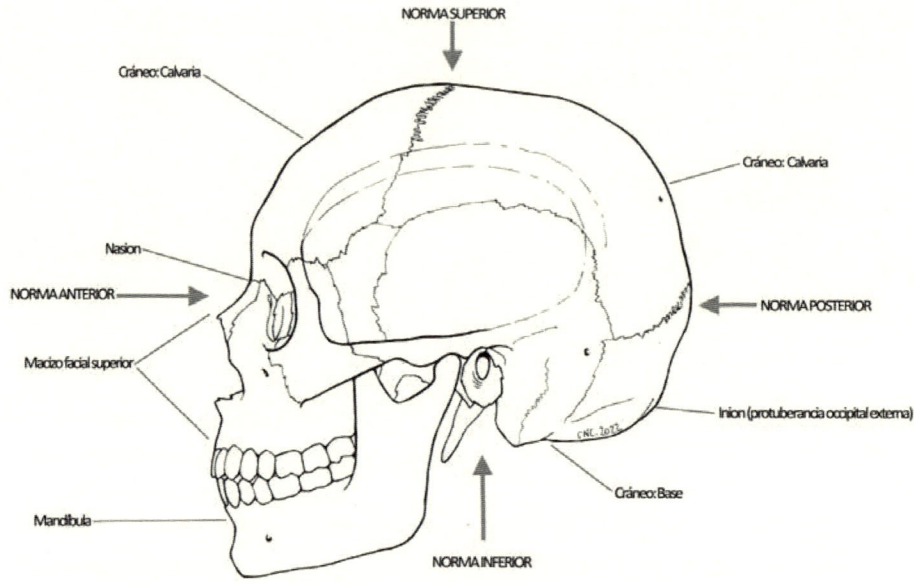

Figura 1. Norma lateral del esqueleto de la cabeza. División y normas.

A. Cráneo

El cráneo se encuentra situado en la parte más posterior y superior de la cabeza, destinado a proteger y alojar al encéfalo, neurocráneo, por ello los huesos que lo forman están unidos por sinartrosis, articulaciones sin movimiento, determinando que constituya un conjunto óseo. También este hecho nos explica que presente dos superficies: una externa, exocraneal y otra interna, cerebral o endocraneal relacionada con el sistema nervioso central a través de las meninges.

El cráneo se divide en dos regiones, calvaria y base, mediante un plano convencional que pasa anteriormente por el nasion, punto antropométrico que corresponde a la confluencia entre el hueso frontal y los huesos nasales; posteriormente por el inion, localizado en la protuberancia occipital externa a nivel del hueso occipital (Figura 1). Situado el cráneo en posición anatómica, la dirección de este plano sería oblicua de anterior a posterior y de superior a inferior, para formar con la horizontal un ángulo de 22º a 25º. La región del cráneo superior a este plano corresponde a la calvaria, por su aspecto, también llamada bóveda o calota. La base es la región situada inferior al plano mencionado (Figura 1).

Este plano divisor de calvaria y base no solo expresa una diferenciación topográfica, sino también el modo general de osificarse los huesos que integran ambas regiones. Los huesos de la calota se forman mediante osificación intramembranosa, el mesénquima se transforma directamente en hueso, por ello es una osificación directa, denominada también conjuntiva o desmal (desmocráneo, neurocráneo membranoso). Los huesos o partes de estos que integran la base lo hacen por una osificación endocondral, es decir, el mesénquima se transforma en cartílago y es este el que lo hace a hueso, denominada, así mismo, indirecta o condral (condrocráneo, neurocráneo cartilaginoso).

La superficie exocráneal puede ser observada y analizada mediante el empleo de una serie de normas o visiones, vertical o superior, lateral, frontal o anterior, occipital o posterior y basal o inferior (Figura 1).

1. Exocráneo

1.1. Calvaria

Su análisis se efectua mediante las normas o visiones, vertical o superior, lateral, rostral o anterior, occipital o posterior (Figura 1).

1.1.1. Huesos integrantes

La región de la calvaria o bóveda está formada anteriormente por el hueso frontal; en su parte media por los huesos parietales, temporales y esfenoides; posteriormente por el hueso occipital.

Hueso frontal. El hueso frontal es un hueso impar, central y simétrico que ocupa la parte más anterior del cráneo. Este hueso está situado anterior a los huesos parietales y hueso esfenoides con los que se articula para cerrar, en la parte anterior, la cavidad craneal. Pertenece a la calvaria aquella porción del mismo situada superiormente al plano de división ya referido y a la que se denomina escama del hueso frontal (Figuras 2, 3 y 4).

Hueso parietal. Así llamado por constituir las paredes de la bóveda, participando a tal efecto íntegramente. Es un hueso par, de forma regularmente cuadrilátera, situado superior al hueso temporal, posterior al hueso frontal y anterior al hueso occipital (Figuras 2, 3 y 5).

Hueso esfenoides. Así llamado por estar enclavado a manera de cuña entre los huesos del cráneo. El esfenoides es un hueso impar central y simétrico, que ocupa la parte anterior y media de la base del cráneo. Situado posterior a los huesos frontal y etmoides, anterior a los huesos occipital y temporal e inferior a los huesos parietales. El hueso esfenoides se compone de una parte media, el cuerpo de forma cúbica; dos alas menores anexas a la cara superior del cuerpo; dos alas mayores, unidas a sus caras laterales; y de dos apófisis pterigoides adheridas a su cara inferior. Únicamente una parte de la porción conocida con el nombre de cara temporal del ala mayor del esfenoides es la que pertenece a la bóveda (Figura 3).

Hueso temporal. Así denominado por estar localizado en la región de este nombre, es un hueso par situado a los lados del cráneo en el espacio comprendido entre los huesos occipital, parietal y esfenoides. El hueso temporal contiene en su interior los órganos esenciales de la audición y el equilibrio. Al ígual que, en el hueso frontal, tan solo la porción escamosa del temporal que queda superiormente al plano de división bóveda-base, conforma la calvaria (Figura 3).

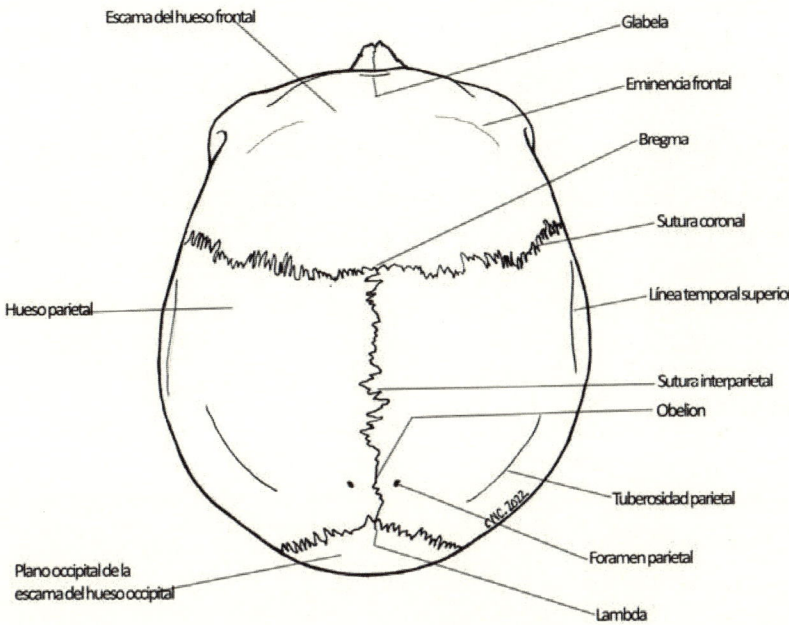

Figura 2. Exocráneo. Calvaria. Norma vertical. Huesos constituyentes, detalles localizados en la línea media y lateralmente.

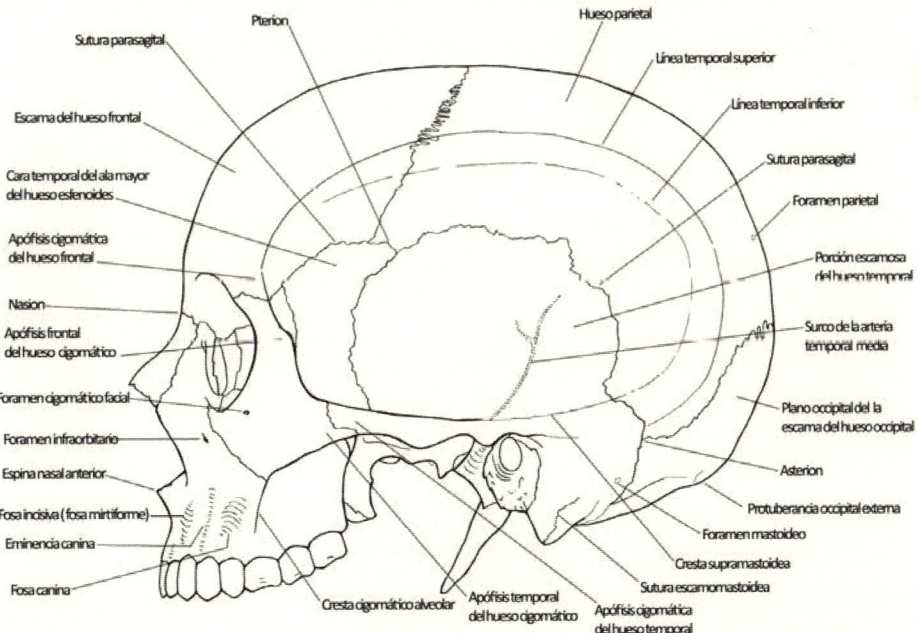

Figura 3. Exocráneo. Norma lateral. Huesos integrantes. Fosa temporal.

Hueso occipital. Es un hueso impar, medio y simétrico que ocupa la parte posterior, inferior y media del cráneo, irregularmente romboidal es cóncavo superior y anteriormente. Participa al mismo tiempo en la constitución de la base y la calvaria. Se articula con la primera vétebra cervical o atlas. Es el hueso situado posterior e inferior a todos cuantos constituyen la calvaria, participando en ella por la porción de la escama situada superior a la protuberancia occipital externa, de orientación casi vertical, denominada plano occipital (Figuras 3 y 5).

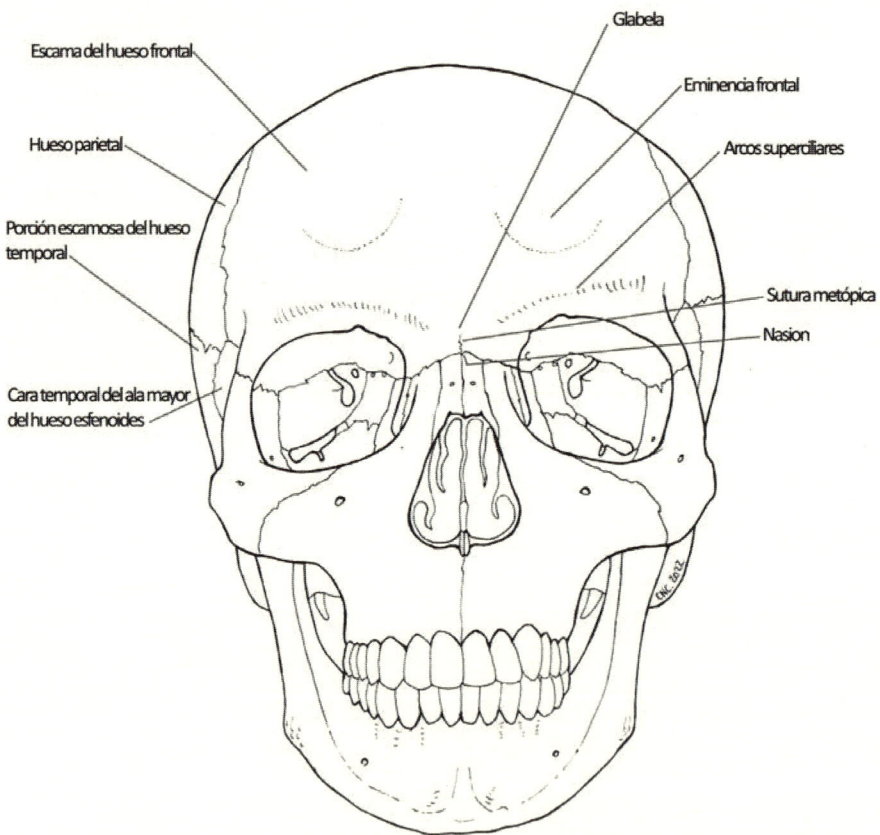

Figura 4. Exocráneo. Norma rostral del esqueleto de la cabeza. Huesos integrantes y detalles localizados en la línea media y lateralmente.

1.1.2. Línea media

En la línea media y de anterior a posterior, es decir desde el nasion hasta el inion se localizan (Figuras 2, 4 y 5):

— Nasion: situado en el punto medio de la sutura nasofrontal.
— Glabela o eminencia frontal media: situada en el hueso frontal superiormente al nasion, entre los dos arcos superciliares. En ocasiones es una superficie plana y excepcionalmente una sencilla depresión.
— Sutura metópica o sutura frontal media: existe ocasionalmente como consecuencia de que el hueso frontal se origina mediante dos núcleos de osificación independientes, al nacer aún está dividido en dos mitades simétricas en la línea media por la sutura metópica. Esta se borra paulatinamente, prevalece en los primeros años de la vida, desapareciendo del todo en la mayoría de los casos en el cráneo adulto. En un 8-9 % esta sutura metópica persiste, constituyendo lo que se conoce con el nombre de metopismo.
— Bregma: situado en la convergencia de las suturas coronaria y sagital o interparietal. En el punto bregma, y en el recién nacido existe un tejido mesenquimal que aún no ha sido afectado por el proceso osteogénico, constituyendo una ventana conocida con el nombre de fontanela mayor o fontanela bregmática, que no finaliza su osificación hasta los 36 meses después del nacimiento. En ocasiones, y como consecuencia de la aparición de un núcleo de osificación independiente, en el espesor del tejido conjuntivo de la fontanela bregmática, se forma un hueso supernumerario denominado hueso wormiano bregmático.
— Sutura sagital o interparietal: como su nombre indica, articula los bordes internos de los huesos parietales. Es una sutura dentada, que se extiende entre los puntos antropométricos bregma y lambda.
— Lambda: se halla en la unión entre la sutura sagital y la lambdoidea. En el punto lambda, y al igual que sucede con el punto bregma, se localiza durante los primeros meses de vida la fontanela menor o lambdoidea. También se puede encontrar el hueso wormiano fontanelario lambda.
— Protuberancia occipital externa: eminencia rugosa situada en el centro de la cara exocraneal de la escama del hueso occipital. Aparece más marcada en el sexo masculino y en el adulto que en la mujer y el niño, es casi siempre palpable en todos los individuos. En ella se inserta la parte más craneal del ligamento nucal. En la norma lateral (Figura 3),

se observa como a este nivel el hueso occipital cambia de orientación, diferenciándose dos porciones; la porción superior vertical, es el plano occipital, y forma parte de la calvaria; mientras que la inferior, horizontal, contribuye a formar la base del cráneo, es el plano nucal.

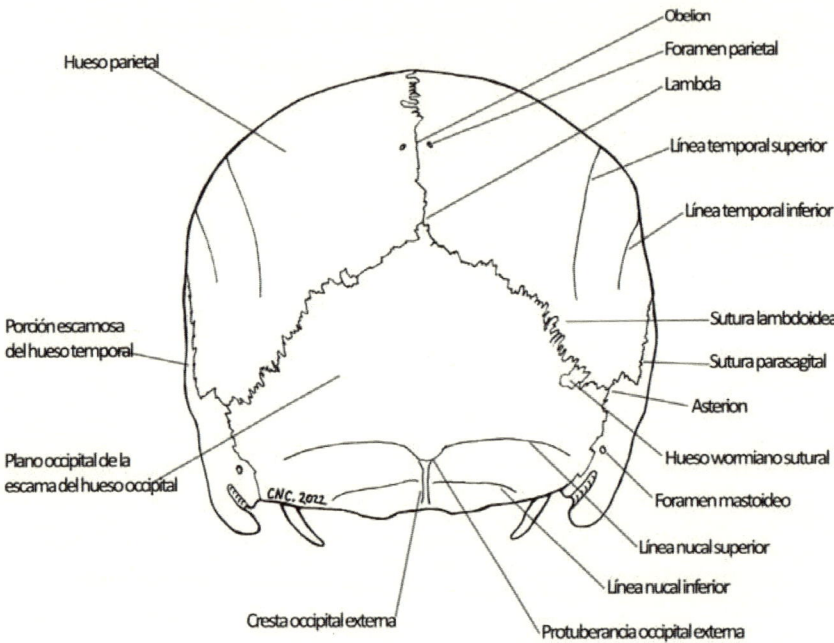

Figura 5. Exocráneo. Norma occipital. Huesos integrantes y detalles localizados en la línea media y lateralmente.

1.1.3. Lateralmente a la línea media

Los detalles morfológicos situados en la superficie de la calvaria se refieren fundamentalmente a la sinartrosis o suturas que unen los huesos, así como a relieves y agujeros (Figuras 2, 3, 4 y 5).

Suturas

— Sutura coronal o frontoparietal. Sutura dentada que está situada en un eje transverso, en la parte anterior de la bóveda articula el borde posterior de la escama del hueso frontal con el borde anterior de los huesos parietales (Figura 2).

— Sutura lambdoidea o parietooccipital. Con esta denominación se le asigna a una sutura dentada situada en la porción posterior de la calvaria que articula la escama del hueso occipital con los bordes posteriores de los huesos parietales (Figura 5).

— Sutura parasagital. Visible en una norma lateral y de gran extensión se encuentra constituida anteroposteriormente por las suturas dentadas: frontocigomática, frontoesfenoidal, parietoesfenoidal y la sutura parietoescamosa de tipo bisel entre el hueso parietal y la porción escamosa del hueso temporal. De la sutura parasagital parten dos suturas ascendentes, que corresponden a las suturas coronal y lambdoidea, y dos descendentes representadas por las suturas esfenocigomática y esfenotemporal. El extremo posterior de la sutura parasagital corresponde a un punto lugar de confluencia de los huesos parietal, occipital y temporal. Este punto antropométrico, por tener aspecto estrellado, recibe el nombre de asterion (Figuras 3 y 5).

En el tercio anterior de la sutura parasagital, se constituye una imagen en forma de H o K, lugar donde se encuentran los cuatro huesos siguientes: frontal, temporal, parietal y esfenoides. Está constituida por las suturas coronal y frontoesfenoidal, rama vertical y anterior; parietotemporal y temporoesfenoidal, rama vertical y posterior; parietoesfenoidal, ramo horizontal de la H. En el centro de la H se localiza el punto antropométrico pterion (Figura 3). El conocimiento anatómico tanto de los puntos antropométricos pterion y asterion, como de la sutura parasagital, tendrá gran importancia en la práctica radiológica ya que nos evitarán posibles errores interpretativos ante radiografias de perfil del cráneo.

Estas suturas anteroposteriores y transversas van a ser las que de un modo constante aparecen en el cráneo, pero en la calvaria pueden aparecer otras suturas inconstantes, además de la ya comentada metópica, como la sutura mendosa. Esta presenta un trayecto horizontal y situada aproximadamente entre el plano nucal y occipital de la escama del hueso occipital. Cuando persiste pasa superiormente a la protuberancia occipital externa. De esta forma, nos deja un hueso independiente en el adulto denominado interparietal que, a su vez, puede encontrarse dividido en dos o tres por falta de unión entre sus centros de osifcación complementarios. Superior al interparietal pueden aparecer uno o dos centros pequeños de osificación que al unirse entre sí constituyen el preinterparietal o hueso epactal, hallado en un alto porcentaje en en razas de Perú, de ahí que también reciba la denominación de hueso de los incas.

En la calvaria pueden aparecer huesecillos supernumerarios, que al igual que el bregma, y el lambda, son expresión de la aparición de núcleos de osificación independientes al proceso osteogénico de la bóveda. Llamados wormianos por haber sido descritos a principios del siglo XVII por el médico danés, Olaus Wormius. Pueden ser clasificados según su ubicación en huesos wormianos suturales y fontanelarios (Figura 5).

— Suturales: metópico, localizado en la sutura del mismo nombre; sagital, formado entre los dos parietales; desarrollados en las suturas, occipito-parietal, fronto-parietal, parietoesfenoidal, petrooccipital.
— Fontanelarios, que reciben el nombre de la fontanela donde se encuentran ubicados: bregmático (de Bertini), generalmente voluminoso; lambdático, confundido a menudo con los huesos wormianos suturales que le acompañan; astérico, situado en la fontanela lateral posterior (asterion); ptérico, localizado en la fontanela anterolateral (pterion); obélico, situado en la fontanela sagital (obelion); glabelar, en la fontanela nasofrontal (glabela).

Crestas y relieves óseos

— Arcos superciliares. Eminencias transversales y arqueadas poco aparentes que corresponden a las cejas. Están situados cranealmente a los arcos ciliares o bordes orbitarios (Figura 4).
— Eminencia frontal o tuberositad frontal. En las partes laterales del frontal y superiormente al arco superciliar, el hueso se eleva ligeramente para formar las tuberosidades frontales (Figura 4).
— Línea temporal superior. Originada por la inserción de la fascia del músculo temporal (línea de la fascia temporal). Visible en una norma lateral, es una cresta muy poco marcada que describe una línea cóncava hacia abajo, sirviendo de límite a la fosa temporal. La línea temporal superior recorre los huesos frontal y parietal (Figura 3).
— Línea temporal inferior. Concéntrica a la anterior y separada de ella por algo menos de 2 cm, en ella se localiza esta cresta que da origen al músculo temporal. Existen por tanto dos líneas temporales, una superior y otra inferior, próximas por delante hasta cerca de la sutura coronal, en donde nace la inferior, y separándose cada vez más a medida que se aproximan a la apófisis mastoides del hueso temporal. La línea

temporal superior presta inserción a la aponeurosis temporal, y en la línea temporal inferior se inserta el músculo temporal (Figura 3).

— Tuberosidad parietal. Corresponde a la porción más prominente de la cara exocraneal del parietal (Figura 2).

Forámenes

— Foramen parietal, o de Santorini, en número variable generalmente de 1 a 2, se halla localizado en cada hueso parietal a ambos lados a la altura del 1/3 posterior de la sutura sagital, cerca de los ángulos occipitales de los huesos parietales y de sus bordes internos, da paso a la vena emisaria de Santorini. Entre los forámenes parietales, la sutura sagital es mas rectilínea y esta porción recibe el nombre de obelion (Figuras 2 y 5).

1.2. Base

Se denomina base del cráneo a la porción ósea situada inferior al plano convencional de división ya referido. En la norma basal se observan dos planos, uno anterior e inferior formado por huesos del macizo o región facial superior, maxilar, hueso palatino y vómer, y que por tanto no pertenecen a la base del cráneo, pero que pueden ser analizados en esta visión basal; y otro superior y posterior constituido por huesos propios de la base del cráneo. La complejidad morfológica de la base requiere emplear una metodología basada en el estudio de los huesos y las partes de los mismos que intervienen en su constitución, de los detalles de la línea media y de los que se encuentran lateralmente.

1.2.1. Huesos integrantes

Maxilar. Es el principal hueso del macizo facial superior, contribuyendo a formar parte de las cavidades nasales óseas, órbitas, así como de la cavidad bucal. Hueso par, irregular y voluminoso contiene el seno maxilar, cavidad que ocupa dos tercios del espesor del hueso. En él podemos distinguir un cuerpo y cuatro apófisis, frontal o ascendente, cigomática o piramidal, palatina y alveolar. En la norma basal son visibles la apófisis palatina, que forma una lámina ósea horizontal que en la línea media se articula con la del lado opuesto formando la sutura palatina media y contribuye a formar el tabique que separa las cavidades nasales de la cavidad bucal. La porción del maxilar situada caudalmente a la apófisis palatina se denomina apófisis alveolar (Figura 6).

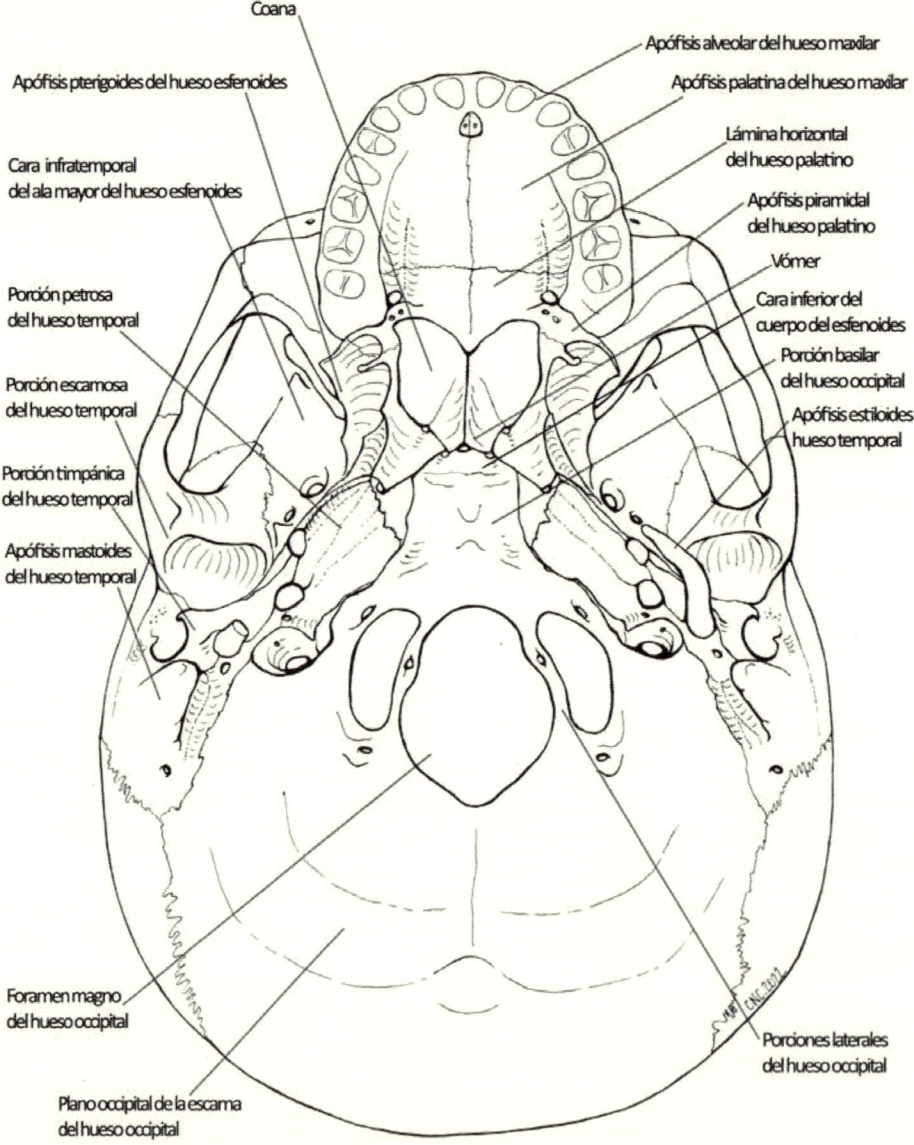

Figura 6. Exocráneo. Norma basal. Huesos y partes de los huesos integrantes. En el lado derecho, la apófisis estiloides aparece seccionada.

Hueso palatino. Hueso par que continúa al maxilar en dirección posterior y al igual que él, pertenece al macizo facial superior. Contribuye con el maxilar a formar parte de la bóveda palatina, así como de las cavidades nasales, pterigopalatina y órbita. Se pueden considerar en él dos láminas, horizontal y perpendicular, unidas entre sí formando un ángulo recto. En la norma basal se analizará la lámina horizontal, articulada por su borde anterior con la apófisis palatina del maxilar, y la apófisis piramidal, prolongación del hueso palatino que, originándose en la cara lateral de la mitad inferior de la lámina perpendicular, se dirige inferior, posterior y lateralmente para ocupar el espacio comprendido entre los extremos inferiores de las dos láminas de la apófisis pterigoides (Figura 6).

Vómer. Es un hueso impar y medio, semejante a una lámina sagital cuadrilátera, que forma una gran parte del tabique óseo de las cavidades nasales, completado por la lámina perpendicular del etmoides. Consta de dos laminillas óseas compactas, entre las que existe una pequeña cantidad de tejido óseo esponjoso. El hueso posee dos caras y cuatro bordes. Nos interesa en la norma basal el borde posterior libre que separa los orificios posteriores de las fosas nasales o coanas, y el borde superior dividido en las dos alas del vómer (Figura 8), separadas por un canal o surco vomeriano que se articula con la cresta media que presenta el cuerpo del hueso esfenoides, que, al no descender hasta el fondo del surco vomeriano, delimita el fino conducto vomerorostral o esfenovomeriano medio, situado en la parte superior del tabique de las cavidades nasales óseas (Figura 7). El borde de las alas del vómer se extiende a ambos lados hasta cerrar la fisura existente entre la apófisis vaginal de la lámina medial de la apófisis pterigoides y la cara inferior del cuerpo del esfenoides, formando el conducto vomerovaginal para el paso de venas, se extiende desde la parte superior de la coana correspondiente, hasta el extremo anterior del conducto palatovaginal (veáse más adelante) (Figura 8). La sinartrosis entre el vómer y la cara inferior del cuerpo del esfenoides forma la sutura de tipo esquindilesis, única en el cuerpo (Figura 6).

Hueso esfenoides. Hueso impar que ocupa la parte media de la base del cráneo, aunque contribuye también a formar las paredes de las cavidades nasales y orbitarias. En la norma basal aparece anterior a los huesos temporales y occipital. Es clásico distinguir un cuerpo cuboideo que ocupa el centro, de cuyas caras laterales se desprenden las alas, mientras que de su cara inferior salen, en dirección descendente, las apófisis pterigoides. En la base se observan la cara inferior del cuerpo; la cara exocraneal del ala mayor, su porción horizontal denominada cara infratemporal; así como la apófisis pterigoides, que son dos robustas apófisis descendentes que se implantan en la cara inferior del hueso esfenoides por dos raíces, la raíz medial se origina del cuerpo, la raíz lateral lo hace del ala mayor, están formadas por una lámina medial otra lateral y una fosa pterigoidea (Figuras 6 y 8).

Hueso temporal. Está formado por la fusión de varias piezas esqueléticas, distintas por su origen y significación. En el adulto es un hueso par que ocupa el amplio espacio situado entre los huesos occipital, parietal y esfenoides, contribuyendo a formar parte de la base y de las paredes laterales del cráneo. En la cara exocraneana de la base del cráneo se distinguen cuatro porciones: la porción petromastoidea, así denominada por tener un origen común y estar formada por el peñasco o porción petrosa y la apófisis mastoides. La porción petrosa se desarrolla alrededor de los órganos del oído interno, a los que proporciona una cápsula ósea, así como a los vasos y nervios que por ella pasan, y presenta una estructura compacta que le da su nombre. Posterior y lateral, con relación al conducto auditivo externo, se dispone la apófisis mastoides (porción mastoidea). La porción escamosa presenta una parte superior que pertenece a la calvaria, y otra inferior o basal, separadas por la apófisis cigomática, en la porción basal se observan el tubérculo articular y la fosa mandibular. Las otras dos partes del hueso temporal pertenecientes a la base son la porción timpánica y la apófisis estiloides, originadas del esqueleto faríngeo (Figuras 6 y 9).

Hueso occipital. En su conjunto tiene una forma irregularmente rectangular y se distinguen cuatro porciones con relación al foramen magno, una anterior que corresponde a la porción basilar o cuerpo; dos, a los lados, porciones laterales, y una posterior situada inferior a la protuberancia occipital externa que corresponde al plano nucal de la escama (Figura 6).

1.2.2. Línea media

Se extiende desde la fosa incisiva hasta la protuberancia occipital externa o inion. De anterior a posterior, se localizan (Figura 7):

— Fosa incisiva. Posterior a los alvéolos de los incisivos centrales superiores, el extremo anterior de la sutura palatina media o intermaxilar se ensancha en una fosita ovalada, fosa incisiva, variable según los sujetos, que da acceso al corto conducto incisivo que resulta de la unión de dos semicanales laterales que pertenecen cada uno a la apófisis palatina de cada maxilar, y en su fondo existen a cada lado los forámenes incisivos que se continúan en dos conductos laterales, uno en cada apófisis palatina del maxilar que finalizan en el suelo de la cavidad nasal correspondiente, en conjunto presenta la forma de una Y. Por ellos pasan los vasos y nervios nasopalatinos.

— Sutura palatina media. Formada al articularse en la línea media del paladar óseo las láminas horizontales de los huesos palatinos y las apófisis palatinas de los huesos maxilares. En ella aparece frecuentemente una elevación longidudinal que representa el torus palatino medio.

— Espina nasal posterior. Formada por la confluencia en la línea media de los bordes posteriores cóncavos de las laminas horizontales de los huesos palatinos.

— Borde posterior del vómer. Delgado y no articular, separa los orificios posteriores de las cavidades nasales o coanas.

— Orificio y conducto vomerorostral o esfenovomeriano medio. Como ya se ha señalado anteriormente, está situado entre las alas del vómer y la cresta de la cara inferior del cuerpo del esfenoides, por el que pasan venas y la ramita arterial destinada al cuerpo del esfenoides y cartílago del tabique.

— Fosilla notocordal o fosita faríngea. Situada en la porción basilar del occipital y anterior al tubérculo faríngeo, corresponde a la bóveda faríngea. Es una depresión ovalada de eje anteroposterior también llamada navicular, en ella se localiza la tonsila faríngea.

— Tubérculo faríngeo. Relieve situado en la cara exocraneal de la porción basilar del hueso occipital, en él se inserta la aponeurosis faríngea concretamente el rafe faríngeo lugar de inserción de los músculos constrictores de la faringe.

— Foramen magno u occipital. Es el mayor agujero del cráneo, tiene forma ovalada de eje mayor sagital; pone en comunicación la cavidad del cráneo con el conducto raquídeo y da paso a la médula oblongada o bulbo raquídeo y sus envolturas, así como a las arterias vertebrales y, a ambos lados, al nervio accesorio (IX nervio craneal). En los puntos medios de sus bordes anterior y posterior se localizan el basion y el opisthion respectivamente.

— Cresta occipital externa. Se extiende desde la protuberancia occipital externa hasta el margen posterior del foramen magno. Esta cresta presta inserción al ligamento nucal situado entre los músculos de la región posterior del cuello.

— Protuberancia occipital externa. Corresponde al inion y está situada aproximadamente en el centro de la cara exocraneal de la escama del

hueso occipital, entre el plano occipital, vertical y el plano nucal, horizontal. Varía mucho de unos sujetos a otros, más marcada en el sexo
masculino y en el adulto que en la mujer y en el niño, es casi siempre
palpable en todos los individuos; en ella se inserta el ligamento nucal.

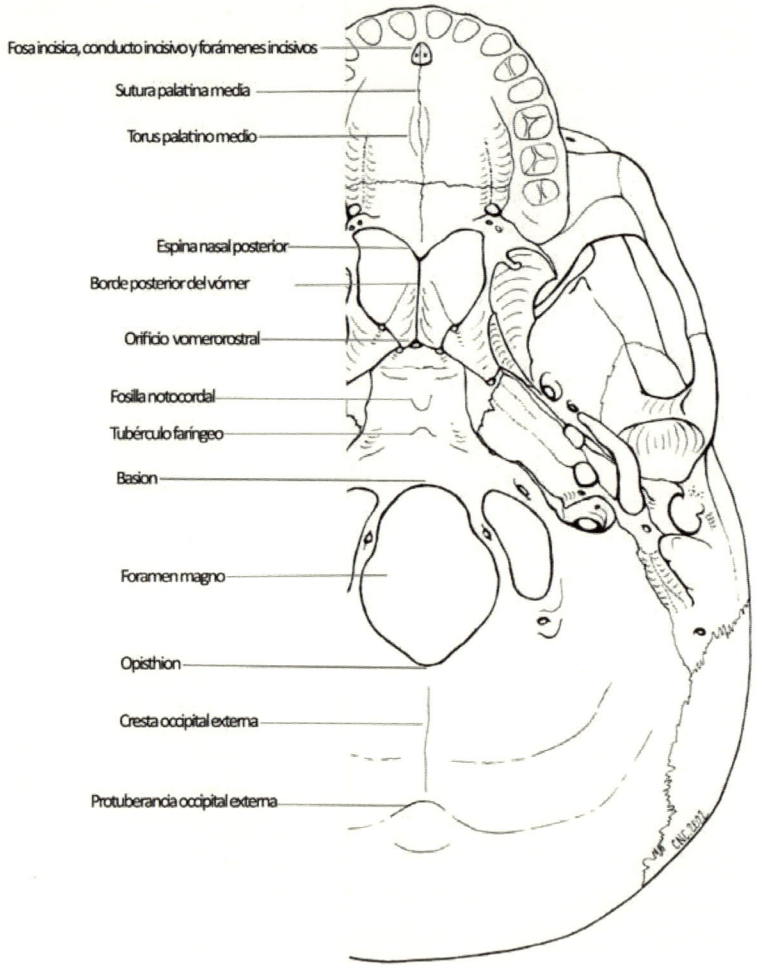

Figura 7. Exocráneo. Norma basal. Detalles localizados en la línea media.

1.2.3. Lateralmente a la línea media

En la norma basal se aprecian dos planos: uno anterior e inferior formado por
huesos del macizo facial superior maxilares y palatinos, y otro posterior y

superior constituido por el hueso esfenoides, los huesos temporales y el hueso occipital pertenecientes a la base del cráneo cuya morfología es más abigarrada con salientes, orificios y depresiones en cada una de las partes que forman la cara externa de la base (Figuras 8 y 9). En la norma basal y entre ambos planos, el correspondiente a los huesos del macizo facial superior y el plano perteneciente específicamente a la base del cráneo, se localizan las coanas que corresponden a los orificios posteriores de las cavidades nasales óseas y que serán analizados en el capítulo correspondiente (Figura 6).

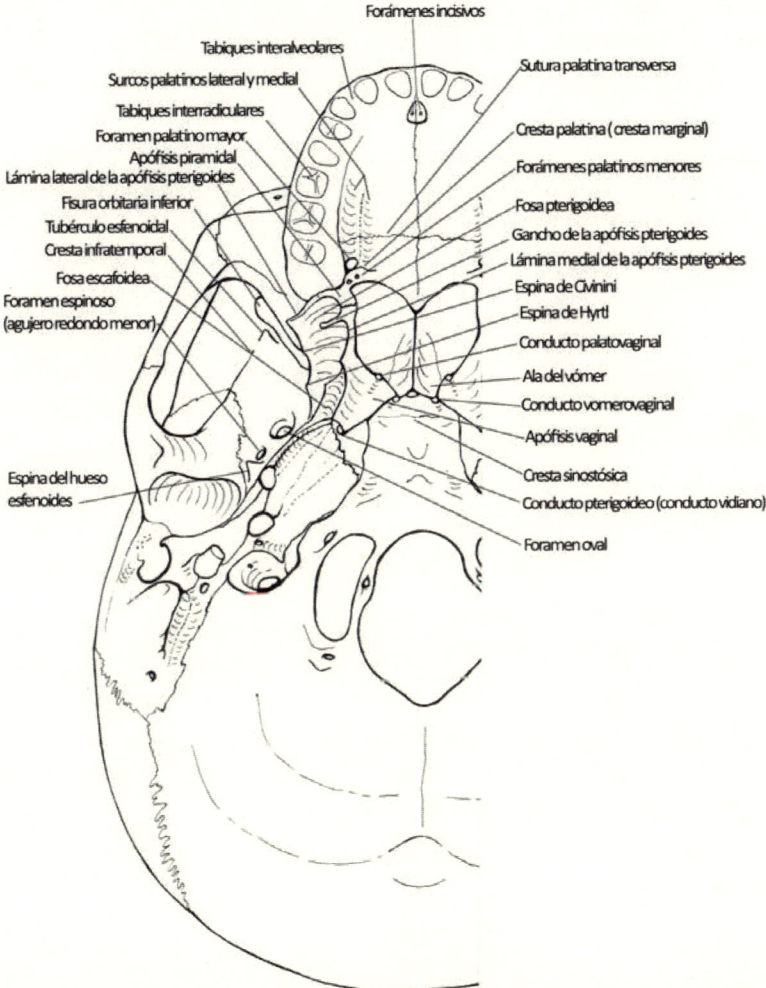

Figura 8. Exocráneo. Norma basal. Detalles localizados lateralmente a la línea media en los huesos maxilar, palatino y esfenoides. Techo de la fosa infratemporal.

Maxilar

Apófisis palatina del maxilar. La apófisis palatina forma una lámina ósea horizontal y por su cara caudal forma las dos terceras partes del paladar óseo, el resto ésta constituido por la lámina horizontal del palatino con la que se articula, formando la sutura palatina transversa. Es muy rugosa, presentando oquedades ocupadas en el vivo por las glándulas salivares palatinas. Por su borde interno, se articula con el maxilar del lado contrario mediante la sutura intermaxilar, que conforma los 2/3 anteriores de la sutura palatina media. En la parte anterior de la sutura palatina media se encuentra la fosa incisiva, que da acceso al conducto incisivo. Tal y como fue referido anteriormente, este resulta de la unión de dos semicanales laterales que pertenecen cada uno a la apófisis palatina correspondiente. Es un conducto corto y en su extremo a cada lado llegan a apreciarse los pequeños forámenes incisivos que se continúan cada uno de ellos con su respectivo conducto en la apófisis palatina de cada maxilar, finalizando por un orificio en la cavidad nasal ósea correspondiente, a cada lado de la cresta incisiva, por ellos pasan los nervios y vasos nasopalatinos (Figuras 7 y 8).

Apófisis alveolar. Corresponde a la porción del maxilar colocada inferiormente a la apófisis palatina, forma el borde inferior del maxilar. Constituye con el del lado opuesto un arco de cóncavidad posterior, que delimita periféricamente el paladar óseo. Sobre su borde libre, arco alveolar, se encuentran los alvéolos de los dientes para alojar las raíces de los dientes. Los tabiques óseos que separan los alvéolos se llaman tabiques interalveolares. En los alvéolos para los molares superiores primero y segundo, al tener tres raíces generalmente, existen tabiques interradiculares (Figura 8).

Hueso palatino

Lámina horizontal. En el tercio posterior del paladar óseo como se expuso, se observa la cara palatina de la lámina horizontal de este hueso. Los bordes posteriores cóncavos son agudos y prestan inserción al velo del paladar; y en la línea media forman la espina nasal posterior. En su parte posterior y lateral próxima al proceso alveolar del maxilar, se observa la cresta palatina (cresta marginal) que separa el foramen palatino mayor situado anterior a ella de los dos forámenes palatinos menores posteriores a la cresta, localizados en la apófisis piramidal. En el foramen palatino mayor desemboca el conducto palatino mayor por donde pasa el nervio y vasos del mismo nombre. Del foramen palatino mayor parten dos surcos que se prolongan anteriormente por los surcos palatinos en la apófisis palatina del maxilar, por el lateral mas profundo discurre la arteria palatina mayor, por el medial el nervio palatino mayor (Figura 8).

Apófisis piramidal. Lateralmente la lámina horizontal forma un ángulo recto con la lámina perpendicular y de la parte más posterior de la confluencia de estas dos láminas se desprende en dirección posterolateral la apófisis piramidal, que se introduce entre las dos láminas de la apófisis pterigoides del hueso esfenoides completando la fosa pterigoidea y donde se localizan los forámenes palatinos menores por los que pasan los vasos y nervios palatinos menores, que han llegado por los conductos palatinos menores (Figura 8).

Hueso esfenoides

Cara infratemporal o cigomática. La cara exocraneal del ala mayor contribuye a formar parte de la base del cráneo por su cara infratemporal que está separada de la cara temporal, perteneciente a la calvaria, por una cresta sagital —la cresta infratemporal— que presenta en su extremo anterior el tubérculo esfenoidal (Figuras 8 y 19). La cara temporal es la porción colocada lateral a la cresta, es casi vertical, y forma parte de la fosa temporal. La colocada medialmente, es la cara cigomática o infratemporal, pertenece a la base, y constituye pared superior de la fosa infratemporal. Se articula posterolateralmente con la porción escamosa del hueso temporal, pero anteriormente su borde es libre y limita con el maxilar la fisura orbitaria inferior (hendidura esfenomaxilar), por la que comunica con la órbita. En esta cara se origina el músculo pterigoideo lateral y se observan: la espina del hueso esfenoides, situada a nivel del ángulo posterointerno; el foramen espinoso (agujero redondo menor) así llamado por localizarse por delante de la espina del esfenoides, y que da paso a la arteria meníngca media, venas meníngeas medias y el ramo meníngeo del nervio mandibular (nervio espinoso); el foramen oval, situado por delante del anterior, por el que pasan el nervio mandibular y la arteria meníngea accesoria y sus venas (Figuras 8 y 10).

Apófisis pterigoides. Son dos robustas apófisis descendentes que salen de la cara inferior del cuerpo del esfenoides y de la cara infratemporal del ala mayor. Se distinguen en ellas una lámina lateral y otra medial. Estas láminas se unen limitando una profunda depresión, la fosa pterigoidea; la profundidad de ella y por tanto el tamaño de las láminas depende del desarrollo del músculo pterigoideo medial que se origina en ella. La parte más inferior presenta una marcada escotadura pterigoidea, muy difícil de delimitar en un cráneo articulado, ya que en ella penetra, completando la fosa pterigoidea, la apófisis piramidal del hueso palatino. La lámina medial presenta en su parte superior la fosa escafoidea, huella del origen del músculo tensor del velo del paladar. Su extremo inferior, afilado, forma el gancho de la apófisis pterigoides, donde se refleja el tendón del referido músculo. Medialmente, la apófisis pterigoides contribuye a formar parte de las cavidades nasales óseas prolóngándose con una laminilla ósea, la apófisis vaginal, que presenta un surco transformado en un conducto por la cara superior de la apófisis esfenoidal del hueso palatino, para formar el conducto palatovaginal (conducto faríngeo de Bock), que finaliza en la fosa pterigopalatina, por él pasa el nervio faríngeo y el ramo faríngeo de la arteria del conducto pterigoideo o arteria vidiana. También se le da el nombre de conducto pterigopalatino (Figuras 8, 20 y 21).

Ademas la apófisis vaginal se dirige medialmente apoyándose en la cara inferior del cuerpo del hueso esfenoides formando un surco, el borde medial de la apófisis vaginal se une con el borde del ala del vómer y lo transforma en el conducto vomerovaginal (Figura 8). En el borde libre posterior de la lámina medial se inserta la aponeurosis faríngea.

La lámina lateral está más desarrollada que la medial, aunque es variable según los individuos. Su cara lateral junto con la infratemporal del ala mayor presta origen al músculo pterigoideo lateral. El borde dorsal libre de la lámina lateral presenta casi siempre, por encima de su parte media, la espina de Civinini, de variable desarrollo, donde se inserta el ligamento pterigoespinoso; superiormente a esta puede existir la espina de Hyrtl, para el ligamento inominado de Hyrtl (Figuras 8 y 19). Ambos ligamentos se fijan por su otro extremo en la espina del hueso esfenoides.

Las dos raíces por las que se implantan las apófisis pterigoides, unidas en su origen, circunscriben un conducto anteroposterior, el conducto pterigoideo (conducto vidiano), por el que pasan los vasos y nervio del conducto ptegoideo o nervio vidiano. El orificio donde comienza el conducto se localiza superior y medial a la fosa escafoidea y termina en la pared posterior de la fosa pterigopalatina (Figuras 8, 20 y 21).

Cuerpo del esfenoides. Solo una pequeña parte de la cara inferior del cuerpo del esfenoides es visible en una norma basal. Forma parte de la bóveda de las cavidades nasales óseas y se articula en la línea media con el vómer (Figura 6). Dorsalmente se confunde con la porción basilar del hueso occipital, donde se conserva hasta los 15-20 años la sincondrosis esfenooc-cipital, importante en el crecimiento de la base del cráneo (Figuras 6 y 8).

Hueso temporal

Porción petromastoidea. Se puede comparar a una pirámide cuadrangu-lar, cuya base posterior y lateral forma parte de la pared lateral del cráneo posterior al conducto auditivo externo, y cuyo eje es oblicuo en dirección anteromedial. El detalle más característico de su base es la apófisis mastoi-des, robusta eminencia ósea, dirigida inferiormente. Su cara lateral aplanada presta inserción a los músculos esternocleidomastoideo y esplenio. Medial-mente, la apófisis mastoides está limitada por un canal, incisura mastoidea, donde se origina el vientre posterior del músculo digástrico. El relieve óseo que limita medialmente esta incisura presenta un canal, surco de la arteria occipital. Posteriormente se articula, por medio de una sutura dentada con el hueso occipital, superiormente lo hace con el hueso parietal. Cerca del borde posterior se encuentra el foramen mastoideo, que se abre por otra parte, en la cara endocraneal y da paso a la vena emisaria mastoidea. Este orificio puede encontrarse, a veces, sobre la sutura occipitotemporal o, incluso, en el hueso occipital (Figura 9).

Porción petrosa o peñasco del temporal. De la base petromastoidea sale el peñasco o porción petrosa propiamente dicha, dirigida anteromedialmente. En ella se pueden distinguir cuatro caras, dos intracraneales y dos exocranea-les. A su vez, de las dos caras exocraneales, una forma parte de la base del cráneo, cara basilar o cara inferior de la porción petrosa, cuya orientación es posteroinferior, mientras que la otra se encuentra cubierta casi totalmente por la porción timpánica, es la cara timpánica de orientación anteroinferior (Figura 9).

La cara inferior (cara basilar) de la porción petrosa es casi horizontal y muy complicada. De ella sale en dirección inferior, la apófisis estiloides, larga y aguda que representa la pars hialis del temporal cuya base ha sido engloba-da por la osificación de la porción petrosa. El anillo timpánico presenta una prolongación que cubre parcialmente a la base de la apófisis estiloides por ello se denomina vaina de la apófisis estiloides. En esta apófisis se origina el ramillete de Riolano, formado por los músculos estilohioideo, estigloso y estilofaríngeo. Medial con relación a esta apófisis se observa la carilla yugular, rugosa, para articularse con la apófisis yugular del hueso occipital.

Posterior y junto a la base de la apófisis estiloides, por tanto, entre esta y la apófisis mastoides, se localiza el foramen estilomastoideo, que corresponde al orificio externo del complicado conducto facial o de Falopio, que recorre la porción petrosa, y por donde cursa el nervio facial, VII nervio craneal y la arteria estilomastoidea (Figura 9).

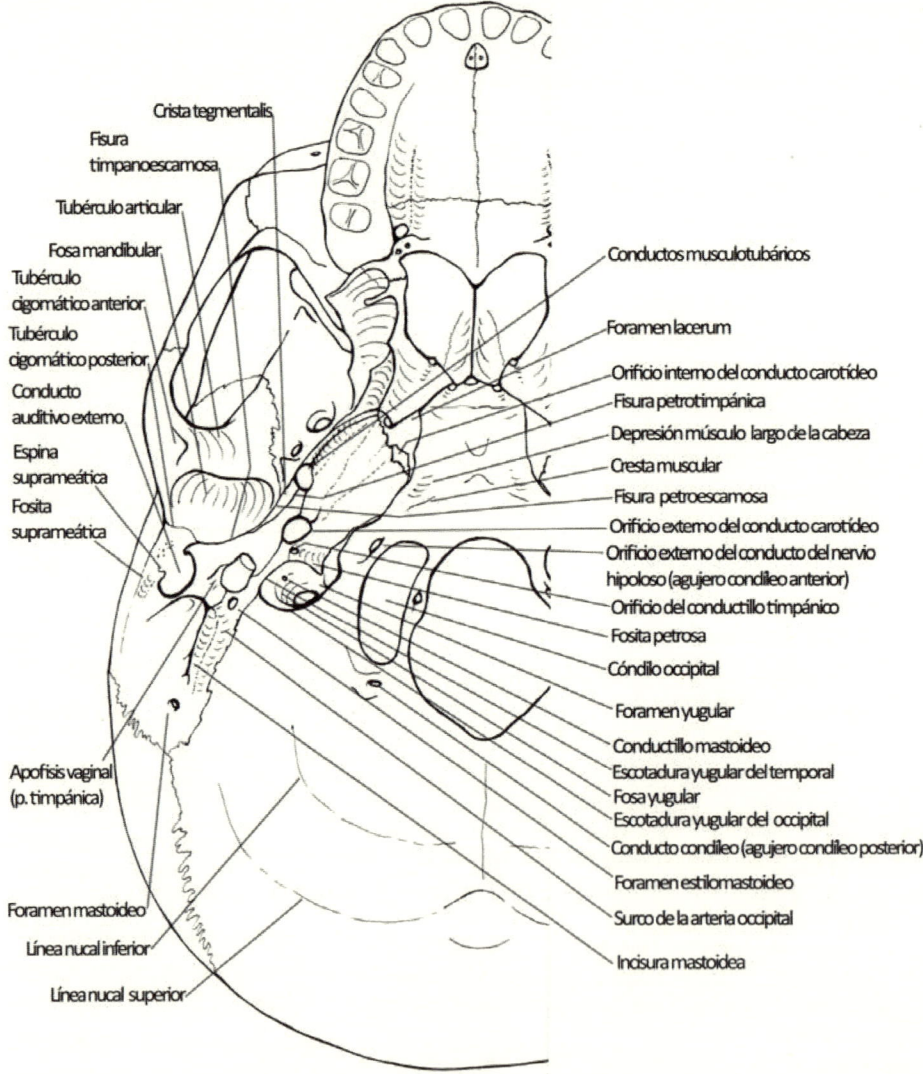

Figura 9. Exocráneo. Norma basal. Detalles localizados lateralmente a la línea media en los huesos temporal y occipital.

Medialmente a la apófisis mastoides y carilla yugular se encuentra la fosa yugular, que delimita el foramen yugular (agujero rasgado posterior). En esta fosa, depresión de profundidad variable, se aloja el bulbo superior de la vena yugular interna. El foramen yugular, situado en la fisura petrooccipital está delimitado por las escotaduras yugulares de los huesos occipital y temporal, su extremo anterior es estrecho mientras que posteriormente se ensancha a nivel de la fosa yugular. Estas dos porciones a veces se encuentran divididas por la osificación de un ligamento, constituyendo la apófisis intrayugular. Por el foramen yugular salen la vena yugular interna y los nervios glosofaríngeos, vago y accesorio, IX, X y XI nervios craneales respectivamente. En la parte lateral de la fosa yugular se ve casi siempre el diminuto orificio de entrada al conductillo mastoideo, para el ramo auricular del nervio vago, este se dirije lateralmente y se abre en la porción descendente del conducto facial, un poco superior al foramen estilomastoideo (Figura 9).

Anteriormente a la fosa yugular observamos el orificio externo del conducto carotídeo, redondeado y voluminoso, por donde se introduce la arteria carótida interna y el plexo que forma el nervio carotídeo interno del simpático. Medialmente existe una superficie rugosa donde se origina el músculo elevador del velo del paladar. En la cresta que separa la fosa yugular del orificio externo del conducto carotídeo, se encuentra el orificio del conductillo timpánico, para el paso del nervio timpánico o de Jacobson, rama del nervio glosofaríngeo (IX nervio craneal), este conductillo se abre en la porción inferomedial de la cavidad timpánica. Medial con relación a este orificio, junto a la parte anterior de la fosa yugular, existe una depresión triangular o fosita petrosa, en cuyo fondo se encuentra el minúsculo orificio del conductillo coclear, que comunica con la coclea del oído interno y donde se aloja en el feto una prolongación del espacio perilinfático (Figura 9). En esta fosita petrosa se sitúa el ganglio inferior del glosofaríngeo (ganglio de Andersch), siendo el nervio timpánico una rama de este.

La cara timpánica del peñasco es solo visible si quitamos la porción timpánica que la cubre, solo la parte más medial y anterior de esta cara es la única que no está cubierta, articulándose con el ala mayor del hueso esfenoides. En ella se encuentran los conductos musculotubáricos divididos por el tabique del conducto, el superior corresponde al conducto para el músculo tensor del tímpano (músculo del martillo) el inferior es el conducto para la trompa auditiva (trompa de Eustaquio), ambos conductos se abren por unos orificios en la cavidad timpánica (Figura 9).

La parte más interna de la porción petrosa corresponde al vértice, en ella puede llegar a apreciarse el orificio interno del conducto carotídeo. El conducto carotídeo es un amplio conducto que atraviesa el peñasco con su orificio externo situado en la cara basilar de la porción petrosa y un orificio interno o intracraneal situado en el vértice (Figura 9), presenta una primera porción vertical, después se acoda en ángulo recto para hacerse horizontal, por él pasa la arteria carótida interna rodeada del plexo carotídeo interno y pequeñas venas emisarias. En su porción vertical existen uno o dos pequeños canalículos caroticotimpánicos que ponen en comunicación el conducto carotídeo con la cavidad timpánica por el que pasa la arteria y el nervio caroticotimpánico.

Las suturas petrooccipital y petroesfenoidal convergen hacia el vértice de la porción petrosa, y entre este y el cuerpo del hueso esfenoides se delimita el foramen lacerum (agujero rasgado anterior), cerrado por un cartílago en el cráneo fresco y por donde pasa el nervio del conducto pterigoideo o nervio vidiano. Este nervio se forma al unirse el nervio petroso mayor (o nervio petroso superficial mayor) y ramas simpáticas del plexo carotídeo interno (Figura 9).

Porción timpánica. El anillo timpánico constituye un canal óseo que forma los límites anterior, inferior y posterior del conducto auditivo externo, mientras que su borde lateral libre contribuye a formar, junto con la escama, el orificio auditivo externo (Figuras 9 y 10). Esta porción se desarrolla como un anillo óseo incompleto al principio del periodo fetal y se une a la porción escamosa poco antes del nacimiento, de ahí la existencia de unas fisuras entre la porción escamosa, la porción petrosa y la timpánica, así como la especial disposición de estas. La cara lateral lisa contribuye a formar, junto con la porción escamosa, la fosa mandibular. La sutura entre ambas en su parte lateral es la fisura timpanoescamosa ya que medialmente se interpone entre ambas una pequeña parte de la porción petrosa, la prolongación inferior del techo del tímpano (crista tegmentalis), esto determina que existan dos fisuras una anterior petroescamosa y otra posterior petrotimpánica (de Glasser), por esta última sale la cuerda del tímpano, una rama del nervio facial, y el ligamento discomaleolar que desde el martillo se dirige al disco articular de la articulación temporomandibular (Figuras 9 y 10).

Posteriormente el anillo timpánico se une a la apófisis mastoides e inferiormente forma una vaina a la apófisis estiloides que la cubre lateralmente y forma su apófisis vaginal, como ha sido señalado anteriormente (Figura 9).

Porción escamosa. La apófisis cigomática tiene en su cara inferior dos relieves, las raíces longitudinal y transversa, también llamada tubérculo articular. La raíz longitudinal de la apófisis cigomática se prolonga posteriormente para contribuir a formar la cresta supramastoidea que se continua con la línea temporal inferior del hueso parietal, la unión entre la porción escamosa y mastoidea está situada a 1.5 cm inferior a esta cresta, donde pueden persistir vestigios de la sutura escamomastoidea (sutura petroescamosa externa) detalles que no pertenecen a la base del cráneo (Figuras 3 y 10). La raíz longitudinal presenta inmediatamente anterior al orificio auditivo externo el tubérculo cigomático posterior (postglenoideo o retromandibular). En la unión de las dos raíces longitudinal y transversa de la apófisis cigomática existe un saliente voluminoso el tubérculo cigomático anterior (Figura 9).

La raíz transversa de la apófisis cigomática o tubérculo articular se desprende de la parte anterior e inferior de la porción escamosa. Posterior al tubérculo articular existe una profunda depresión, la fosa mandibular, elíptica con su eje mayor dirigido de lateral a medial y de anterior a posterior, el fondo de la fosa mandibular está recorrido por la fisura tímpanoescamosa, que la divide en dos sectores uno anterior, articular que pertenece a la escama del hueso temporal y sirve para articularse con el cóndilo de la mandíbula, y otro posterior no articular que forma parte del hueso timpánico (Figuras 9 y 10). Posteriormente a la apófisis cigomática, entre el extremo anterior de la cresta supramastoidea y la parte posterior y superior del orificio auditivo externo se observa frecuentemente un relieve óseo, la espina suprameática (o de Henle), de gran importancia quirúrgica y un poco posterior y superior a ella se observa una depresión la fosita suprameática (triangulo suprameatal) que marca la posición del antro mastoideo, donde existen orificios vasculares (zona cribosa retromeática de Chipault) siendo mas evidente en el niño que en el adulto (Figuras 9 y 10).

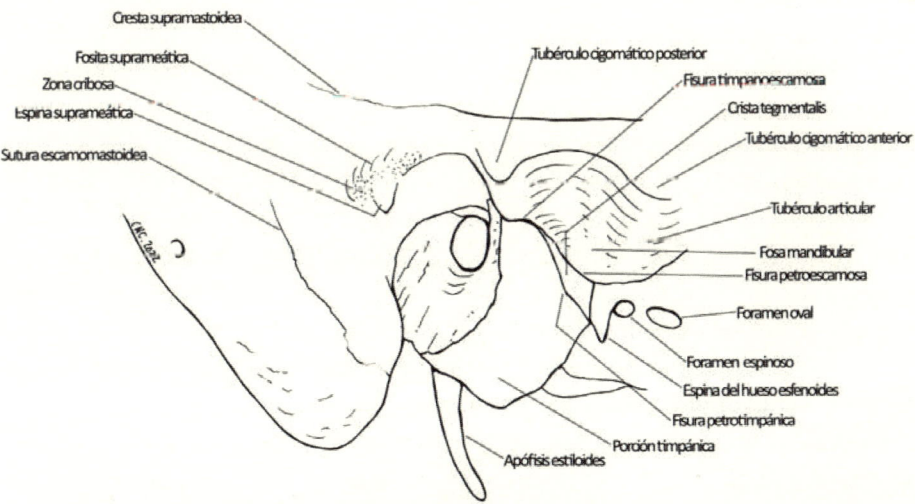

Figura 10. Visión lateral de la base del cráneo para observar las porciones timpánica y escamosa del hueso temporal.

Hueso occipital

Plano nucal de la escama. Corresponde a la porción de la escama del hueso occipital situada inferiormente a la protuberancia occipital externa, de orientación horizontal pertenece a la región de la nuca, por ello recibe este nombre. En él se distinguen las líneas nucales superior e inferior. La primera es una línea de concavidad anterior que parte de la protuberancia occipital externa hacia el borde anterior del hueso cerca de la apófisis mastoides del hueso temporal, delimita el plano nucal de la escama del occipital, de ahí que también se la denomine línea nuchalis terminalis, cerca de ella se puede encontrar en el 10% de los cráneos jóvenes la sutura mendosa. En algunos casos, existe por encima de esta otra cresta menos aparente, línea nucal suprema, donde se inserta el vientre occipital del músculo occipitofrontal. La línea nucal inferior, es clásicamente conocida como cresta del plano nucal por hallarse en dicho plano. Es concéntrica a la línea nucal superior, y parte de la cresta occipital externa a un punto equidistante entre la protuberancia y el foramen magno. Tanto las líneas nucales como la superficie exocraneana situada entre ellas presentan rugosidades y fositas que corresponden a la inserción de los músculos posteriores del cuello (Figura 9).

Porción lateral. Están situadas a los lados del foramen magno y son mas estrechas y altas anterior que posteriormente. También se podría denominar articular, ya que en su cara exocraneal tiene el cóndilo occipital, prolongación ósea descendente que emerge de la parte lateral del foramen magno y que presenta una superficie articular para el atlas. Los cóndilos son lisos, convexos y alargados, de tal forma que sus ejes mayores convergen anteriormente. Con frecuencia muestra una estrangulación en la unión de su tercio posterior con sus dos tercios anteriores; un eje transversal que una la parte más posterior de ambos cóndilos pasa por el centro del foramen magno (Figura 9).

Anterolateral al cóndilo occipital, se observa la fosita condílea anterior, en cuyo fondo se abre el orificio externo del conducto del nervio hipogloso (agujero condíleo anterior), para el paso del nervio hipogloso —XII nervio craneal— cuyo orificio interno se encuentra en la cara endocraneal (Figuras 9 y 24). El resto de esta superficie medial del cóndilo es rugosa, debido a la inserción del ligamento alar correspondiente.

Lateral a los cóndilos se encuentra la escotadura yugular, muy marcada que limita con otra de la porción petrosa o peñasco el foramen yugular, también denominado agujero rasgado posterior. Posteriormente la escotadura yugular se encuentra limitada por la apófisis yugular, robusta porción ósea que se dirige lateralmente para articularse con la porción petrosa (Figura 9).

Posterior al cóndilo se encuentra la fosa condílea, en cuyo fondo se abre el conducto condíleo (agujero condíleo posterior) por el que pasa una vena emisaria (Figura 9).

Porción basílar. A cada lado de la línea media y por tanto del tubérculo faríngeo y fosilla notocordal, existen dos líneas curvas de concavidad anterior, la posterior o cresta muscular parte del tubérculo faríngeo y en ella se inserta el músculo recto anterior de la cabeza, anterior a ella existe una depresión donde se inserta el músculo largo de la cabeza. La cresta anterior inconstante se denomina cresta sinostósica ya que resulta de la unión de los huesos occipital y esfenoides (sincondrosis esfeno-ocipital) (Figuras 8 y 9).

1.3. Macizo facial superior

1.3.1. Norma rostral

La región facial desde la perspectiva de la norma anterior o rostral está formada por los huesos de la cara, que constituyen un macizo óseo de forma prismática triangular. El límite superior lo forma el hueso frontal, los laterales los huesos cigomáticos y las ramas de la mandíbula y el inferior la base de este hueso. Se puede dividir en macizos faciales superior e inferior, este último formado por la mandíbula (Figuras 1 y 11). Ambos macizos faciales forman el viscerocráneo, originado de los cartílagos de los dos primeros arcos faríngeos.

En el macizo facial superior encontramos dos cavidades pares, aunque no solo constituidas por huesos de la cara sino también de la base. Son las cavidades nasales óseas de las que solo podemos distinguir en la norma frontal el orificio piriforme que corresponde a su apertura exterior, y las cavidades orbitarias a ambos lados de las cavidades nasales óseas (Figura 11).

En la cara anterior del cuerpo del maxilar observamos el borde infraorbitario que formará parte del borde orbitario de la órbita, a unos 5-6 mm inferiormente a este y en la unión de sus tercios medial y medio presenta el foramen infraorbitario, por donde emergen el nervio y los vasos infraorbitarios. Inferiormente al foramen infraorbitario la cara anterior presenta una depresión que es la fosa canina, así denominada por estar relacionada con el músculo elevador del ángulo de la boca o canino. Medial a la fosa canina destaca una eminencia alveolar mas marcada que corresponde al relieve del alvéolo del canino, es la eminencia canina; medial a ella existe otra depresión que es la fosa incisiva, también denominada mirtiforme, donde se inserta el músculo depresor del tabique nasal (Figuras 3 y 11).

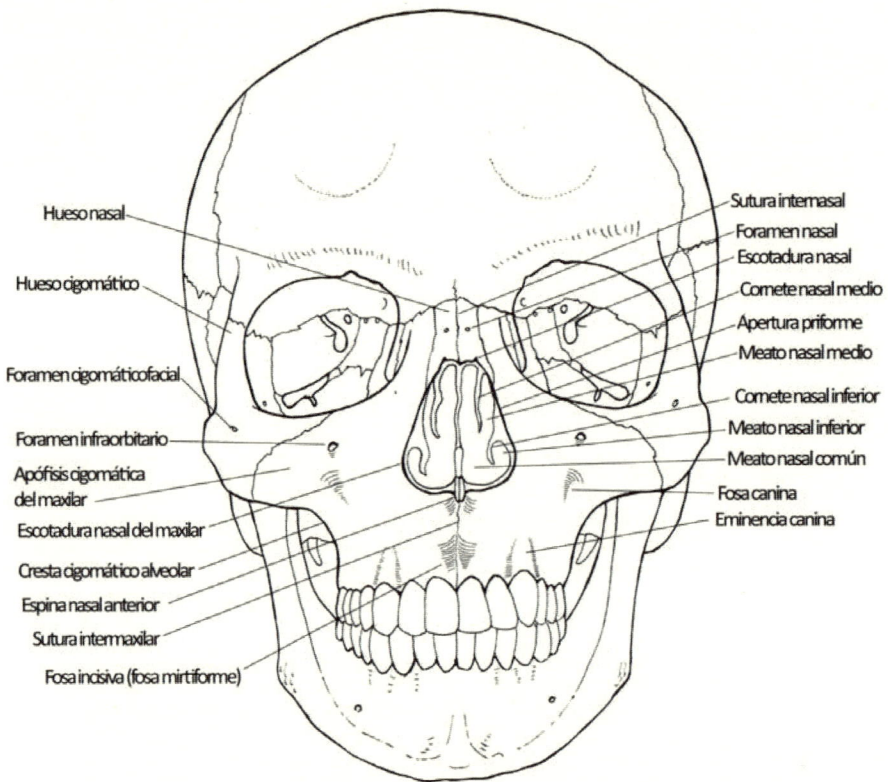

**Figura 11. Exocráneo. Norma rostral del esqueleto de la cabeza.
Macizo facial superior.**

El borde anterior del maxilar corresponde a la escotadura nasal que limita con la del otro lado y el borde inferior de los huesos nasales el orificio anterior de las cavidades nasales u orificio piriforme. En la línea media se observa la sutura intermaxilar, en su extremo superior y anterior se encuentra la espina nasal anterior como resultado de la proyección anterior de las crestas nasales de ambos maxilares. Del cuerpo del maxilar sale lateralmente la apófisis cigomática en forma de pirámide triangular cuyo vértice truncado se articula con el hueso cigomático. En la parte superior y lateral de esta norma facial se observa el hueso cigomático, tiene forma cuadrilátera, y en su cara lateral se observa el foramen ciomáticofacial por donde sale el nervio cigomáticofacial. También se observan la apófisis temporal para articularse con la correspondiente apófisis cigomática del hueso temporal y formar el arco cigomático, y la apófisis frontal para articularse con la apófisis cigomática del hueso frontal. Estos detalles son visibles en una norma lateral del macizo facial superior, especialmente la forma del hueso cigomático y la cara temporal, cóncava, donde se localiza el foramen cigomático temporal para el paso del nervio cigomáticotemporal. El borde inferior del hueso cigomático se continúa con el borde inferior de la apófisis cigomática del maxilar, cuya prolongación inferior corresponde a nivel del alvéolo del primer molar superior, es la cresta cigomático alveolar. Posterior a ella se encuentra la cara infratemporal del maxilar que forma pared de la fosa infratemporal, su parte medial es convexa y saliente y se denomina tuberosidad del maxilar, en su parte media se encuentran los forámenes alveolares en número de dos o tres, por donde se introducen los vasos y nervios alveolares superiores posteriores (Figuras 3, 11 y 19).

1.3.2. Órbita

Las órbitas o fosas orbitarias que alojan al ojo y anexos oculares son dos cavidades simétricas dispuestas a ambos lados de la línea media del macizo facial superior. Están situadas debajo del compartimento anterior de la base del cráneo, superiormente al seno maxilar, a ambos lados de las cavidades nasales óscas y delante de la porción anterior de las fosas temporal y pterigopalatina (Figura 11).

La cavidad orbitaria puede compararse a una pirámide rectangular cuyo vértice situado posterior y medial corresponde aproximadamente a la porción ancha de la fisura orbitaria superior (hendidura esfenoidal) o bien a la apertura externa del conducto óptico; su base, que en realidad no existe, se encuentra abierta y comunica con el exterior por el orificio orbitario, cuyos limites ofrecen un aspecto rectangular constituyendo el borde orbitario (Figuras 12 y 13).

El eje de la órbita se encuentra dirigido ventral, lateral y ligeramente caudal, los dos ejes orbitarios se cruzan formando el ángulo órbitoaxial de 40° a 45°. Los ejes de las órbitas distan a nivel de sus bases 65 mm, y 35 mm en los vértices. La profundidad de la cavidad orbitaria corresponde a la longitud del eje de la pirámide orbitaria, es decir a la distancia comprendida entre el vértice y el centro de la base, esta es de 40 a 45 mm en el hombre y de 38 a 42 mm en la mujer.

Por su forma, se distinguen en la órbita cuatro paredes: superior, inferior, medial y lateral; cuatro bordes o ángulos situados en la unión de las caras; un vértice y una base (Figuras 12 y 13).

a. Paredes de la órbita

Siete huesos entran a formar parte en la constitución de las paredes de la órbita: frontal, esfenoides, etmoides, lagrimal, palatino, maxilar y cigomático. Estos huesos no participan con la misma extensión en la constitución de las paredes; por otra parte, al articularse entre ellos dejan orificios y hendiduras a través de la cuales la cavidad orbitaria comunica con las regiones vecinas.

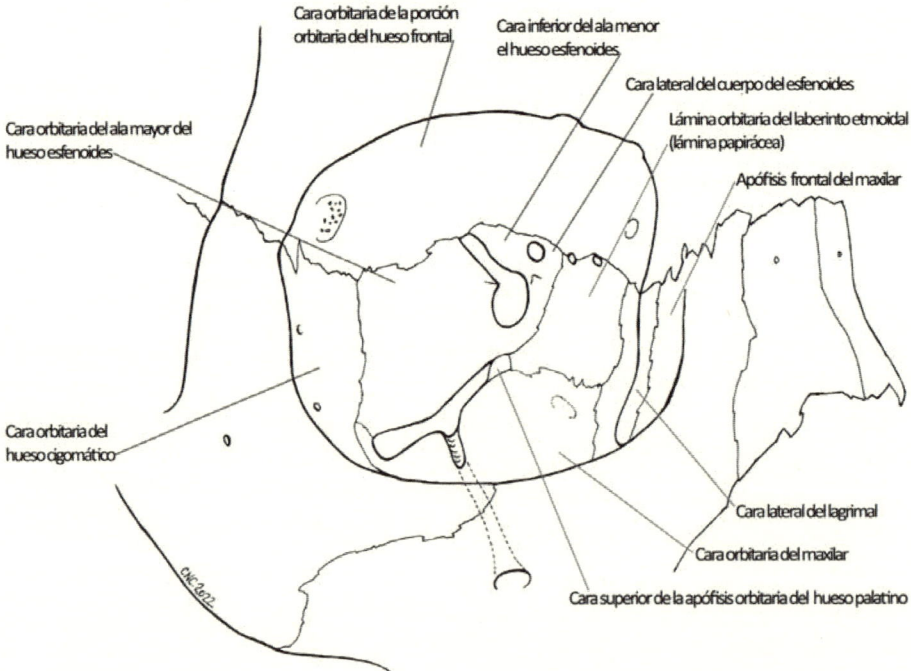

Figura 12. Órbita. Huesos integrantes de las paredes y borde orbitario.

Pared superior. Es triangular con base anterior y vértice posterior. Presenta el aspecto de una cúpula, cóncava en todos los sentidos y orientada anteriormente. Delgada en su parte media se corresponde con la fosa craneal anterior del endocraneo.

Los huesos que entran en su constitución de anterior a posterior son: la cara orbitaria de la porción orbitaria del frontal y la cara inferior del ala menor del esfenoides. La sutura esfenofrontal separa ambos huesos y se aprecia como el frontal representa las 4/5 partes de esta pared (Figura 12).

En la cara orbitaria de la porción orbitaria del frontal y en proximidad al ángulo superoexterno, existe una pequeña excavación en el frontal, corresponde a la fosa de la glándula lagrimal; a nivel de la vertiente anterointerna de la fosa existen pequeños orificios vasculares que constituyen la «criba orbitaria» de Welcker. Cerca del ángulo superointerno y aproximadamente a medio centímetro posterior al borde orbitario, el frontal presenta una pequeña depresión, es la fosita troclear, donde se fija la polea fibrocartilaginosa para la reflexión del tendón del músculo oblicuo mayor, a veces se observa la espina troclear en forma de gancho que corresponde a la osificación de la polea (Figura 13).

La cara inferior del ala menor del esfenoides es lisa, interviene en el 1/5 posterior de la pared superior, anterior al orificio externo del conducto óptico (Figura 13).

Pared inferior. Es ligeramente cóncava en su conjunto, forma el suelo de la órbita y el techo del seno maxilar. Es triangular con la base anterior y vértice posterior, se encuentra inclinada inferior, lateral y anteriormente.

Los huesos que entran en su constitución son: la cara orbitaria del maxilar en la mayor parte de su superficie, 4/5 partes; la cara superior de la apófisis orbitaria del palatino, en vecindad al vértice de la órbita, y la superficie de la cara orbitaria del hueso cigomático situada en proximidad del ángulo inferolateral. Las suturas maxilocigomática y maxilopalatina son poco visibles (Figura 12).

El borde posterosuperior del maxilar es libre en sus 3/4 posteriores, encontrándose separado del ala mayor del esfenoides que forma la pared lateral por la fisura orbitaria inferior (hendidura esfenomaxilar). De la parte media de esta fisura parte un canal dirigido anterior e inferiormente, excavado sobre la mitad posterior del suelo de la órbita, denominado surco infraorbitario que se continua anteriormente en el espesor del suelo de la órbita por el conducto infraorbitario, este se abre en el foramen infraorbitario en la cara anterior del maxilar a 0,5 cm inferior al borde orbitario, por él sale la arteria y nervio infraorbitario. Un poco lateral al ángulo inferointerno orbitario, el suelo presenta a veces una pequeña depresión que corresponde al lugar de origen del músculo oblicuo inferior del globo ocular (Figura 13).

Pared medial. También llamada pared nasal ya que separa la órbita de la cavidad nasal ósea correspondiente. Es casi plana y paralela con la del lado opuesto, tiene forma cuadrangular. Cuatro huesos toman parte en su constitución, anteroposteriormente son: la porción de la apófisis frontal del maxilar posterior a la cresta lagrimal anterior; la cara lateral u orbitaria del lagrimal; la cara lateral o lámina orbitaria del laberinto etmoidal (masas laterales) del etmoides, también denominada lámina papirácea por su delgadez y fragilidad; y la parte anterior de la cara lateral del cuerpo del hueso esfenoides. Las suturas maxilolagrimal, etmoidolagrimal y esfenoetmoidal que unen estos huesos se disponen verticalmente (Figura 12). A veces existe un pequeño hueso, el lagrimal accesorio, interpuesto entre el hueso lagrimal superiormente y el maxilar inferiormente.

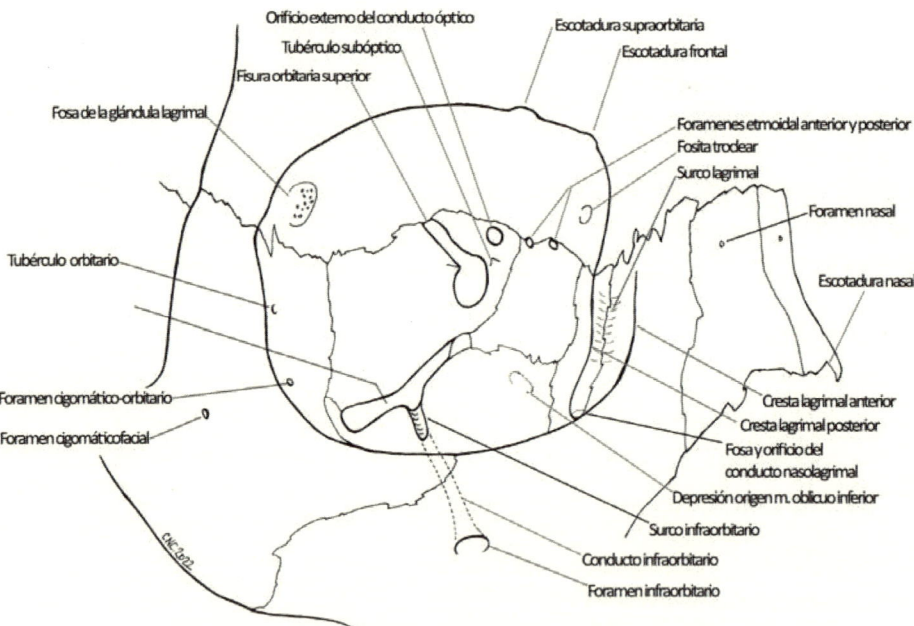

Figura 13. Órbita. Detalles de las paredes, ángulos y borde orbitario.

La pared es lisa en sus tres cuartos posteriores, por el contrario, en su cuarto anterior presenta las siguientes formaciones de anterior a posterior: cresta lagrimal anterior, surco lagrimal y cresta lagrimal posterior. La cresta lagrimal anterior está situada sobre la apófisis frontal del maxilar y constituye el límite anterior de la pared medial de la órbita (borde orbitario medial) siendo más marcada en su parte inferior donde se continua con el borde orbitario inferior. La cresta lagrimal posterior está situada sobre el hueso lagrimal y es más saliente que la anterior. Ellas prestan inserción a los fascículos anterior y posterior del ligamento palpebral medial. El surco o canal lagrimal está situado entre las dos crestas lagrimales y formado por la yuxtaposición de dos semicanales uno del maxilar y otro del hueso lagrimal; tiene una longitud de 12 a 14 mm, y se ensancha progresivamente presentando en su parte inferior una dilatación, fosa del saco lagrimal, que se continúa con el conducto nasolagrimal que finaliza en el meato nasal inferior (Figuras 13 y 17).

En la parte más posterior de esta pared, en el hueso esfenoides, se aprecia la existencia de un pequeño saliente óseo un poco por debajo del orificio externo u orbitario del conducto óptico y por dentro de la porción ancha de la fisura orbitaria superior (hendidura esfenoidal), es el tubérculo subóptico donde se inserta el anillo tendinoso común (tendón de Zinn) (Figura 13).

Pared lateral. Es la más espesa y resistente de todas las paredes. Esta pared también llamada temporal tiene forma triangular de base anterior, está orientada anteriormente. Es plana en sus dos tercios posteriores, mientras que es y, a veces, fuertemente excavada en su tercio anterior. Está formada por dos huesos, en dirección anteroposterior son: la cara orbitaria del hueso cigomático y la cara orbitaria del ala mayor del hueso esfenoides (Figura 12). La sutura esfenocigomática, sinuosa y oblicua, presenta excepcionalmente pequeños huesecillos supernumerarios, análogos a los wormianos.

A nivel de la cara orbitaria del ala mayor del hueso esfenoides, un poco por delante de la fisura orbitaria superior pero cerca de su borde inferior, existe una pequeña cresta ósea, denominada espina de Merkel. La cara orbitaria del hueso cigomático presenta el foramen cigomático-orbitario, se encuentra un poco anterior y superior al extremo anterior de la fisura orbitaria inferior (hendidura esfenomaxilar) a unos 6-8 mm por detrás del reborde orbitario, en él se introduce el nervio cigomático y la rama orbitaria de la arteria lacrimal. Este orificio que puede ser doble da paso al conducto cigomático que se divide en dos en el espesor del hueso cigomático; uno se abre en la cara lateral, foramen cigomáticofacial, y otro en la temporal, foramen cigomáticotemporal, por donde salen los nervios cigomáticofacial y cigomáticotemporal respectivamente (Figuras 13 y 19). Sobre la cara orbitaria del hueso cigomático a un centímetro inferior a la sutura frontocigomática y a medio centímetro posterior al borde orbitario se nota la existencian de un pequeño saliente que corresponde al tubérculo orbitario o de Whitnall, sobre el que se inserta el ligamento palpebral lateral (Figura 13).

b. Ángulos de la órbita

En número de cuatro, divergen desde el vértice de la órbita al orificio orbitario. Presentan suturas, hendiduras y orificios.

Ángulo superointerno. Situado en la unión de las paredes superior y medial. Presenta posteroanteriormente las suturas: frontoesfenoidal, frontoetmoidal y frontolagrimal, que en conjunto tienen el aspecto de una bayoneta. A su nivel se encuentran el orificio orbitario o externo del conducto óptico, el agujero frontoesfenoidal y los forámenes etmoidal anterior y posterior (Figuras 12 y 13).

El conducto óptico se encuentra labrado entre las dos raíces del ala menor del hueso esfenoides, comunica la órbita con el endocráneo y por el pasa el nervio óptico y la arteria oftálmica. El agujero frontoesfenoidal es inconstante, está situado cuando existe un poco anterior al conducto óptico, en la sutura del mismo nombre, da paso a un ramito arterial (Figura 13).

Los forámenes etmoidal anterior y posterior, situados muy próximos entre sí, se encuentran en la sutura frontoetmoidal, cada uno de ellos se continúa por un conducto. El anterior, más grande sirve para el paso del nervio etmoidal anterior y los vasos etmoidales anteriores; el posterior al nervio etmoidal posterior (nervio esfenoetmoidal de Luschka) y los vasos etmoidales posteriores (Figura 13).

Ángulo superoexterno. Está situado en la unión de las caras superior y lateral. Posteroanteriormente presenta la fisura orbitaria superior o hendidura esfenoidal y la sutura frontoesfenoidal (Figuras 12 y 13).

La fisura orbitaria superior (hendidura esfenoidal) es un orificio alargado, con forma de raqueta comprendida entre las dos alas del hueso esfenoides y comunica la cavidad orbitaria con la fosa craneal media del endocráneo. La extremidad lateral es estrecha, la medial es ancha y redondeada (Figura 13). Por la porción ensanchada y ovalada pasan: los dos ramos superior e inferior del nervio oculomotor (III); el nervio abducens (VI); el nervio troclear (IV); el nervio frontal; el nervio nasociliar; la raíz simpática del ganglio ciliar y la vena oftálmica superior. Por la parte estrecha o mango de la hendidura pasa el ramo orbitario de la arteria meníngea media. En la unión de las dos partes emerge el nervio lagrimal. Los nervios nasociliar, frontal y lagrimal son los tres ramos de división del nervio oftálmico, rama Va-V1 del nervio trigémino (V).

Ángulo inferointerno. Está dispuesto entre las paredes medial e inferior de la órbita. Se encuentran las suturas que une esfenoides y apófisis orbitaria del palatino, y la etmoidopalatina, la etmoidomaxilar y la sutura lagrimomaxilar. A nivel de la parte anterior de este borde se encuentra el orificio de apertura en la órbita del conducto nasolagrimal (Figuras 12 y 13).

Ángulo inferoexterno. Está comprendido entre las paredes inferior y lateral. En su cuarto anterior corresponde al hueso cigomático y en sus tres cuartos posteriores a la fisura orbitaria inferior (hendidura esfenomaxilar) (Figura 12).

La fisura orbitaria inferior es una hendidura alargada, estrecha en su parte posterior y ancha en la anterior. Está limitada por dentro por la apófisis orbitaria del palatino y el borde posterosuperior del maxilar, lateralmente por el ala mayor del hueso esfenoides y una pequeña parte del hueso cigomático. En su parte media su borde anterior está escotado por el surco infraorbitario (Figuras 13 y 20). La fisura orbitaria inferior pone en comunicación la órbita con las fosas pterigopalatina e infratemporal (Figuras 8 y 20); desde la primera, pasa a la órbita, los nervios infraorbitario y cigomático y por la segunda los vasos infraorbitarios. Se encuentra ocupada por la periorbita y el músculo orbitario y es atravesada por algunas venas anastomóticas del sistema de las venas oftálmicas y el plexo pterigoideo.

c. Vértice

Unos los sitúan a nivel del orificio externo del conducto óptico, otros a nivel de la porción ancha de la fisura orbitaria superior. Realmente el lugar de convergencia de las cuatro paredes corresponde al tubérculo subóptico (Figura 13).

d. Orificio y borde orbitario

El orificio orbitario, presenta una forma cuadrangular con ángulos redondeados, está limitado periféricamente por el borde orbitario. El borde orbitaro superior está situado en un plano más anterior que el inferior. Está formado superiormente por el borde orbitario del hueso frontal; medialmente está constituido por la cresta lagrimal anterior situada sobre la apófisis frontal del maxilar; inferiormente por los bordes orbitario del maxilar y hueso cigomático, y lateralmente por el borde orbitario del hueso cigomático y el borde orbitario de la apófisis cigomática del frontal (Figuras 12 y 13).

En el borde orbitario superior y en la unión del tercio interno con el medio se localiza constantemente la escotadura supraorbitaria, que puede estar transformada en orificio, foramen supraorbitario. La incisura es palpable en el vivo y sirve para el paso del ramo lateral del nervio supraorbitario y la arteria supraorbitaria. Un poco medial existe, aunque no siempre, una escotadura frontal, por donde pasa el ramo medial del nervio supraorbitario y la arteria supratroclear (Figura 13).

1.3.3. Cavidad nasal ósea

Localizadas en la porción media del macizo facial superior, constituyen dos cavidades anfractuosas, colocadas entre la base del cráneo y la bóveda palatina que la separa de la cavidad bucal, ocupando en su parte superior el espacio comprendido entre las paredes mediales de las órbitas, por ello la pared medial de la órbita y la pared lateral de cada cavidad nasal ósea son en parte comunes (Figura 11). Por tanto, las cavidades nasales son dos tuneles que atraviesan en dirección anteroposterior el macizo facial superior hasta la base del cráneo.

Los orificios anteriores de las cavidades nasales óseas constituyen la apertura piriforme, limitada superiormente por los bordes inferiores de los huesos nasales, lateralmente por las escotaduras nasales de los maxilares, inferiormente los maxilares se articulan entre sí y en la parte más superior de esta articulación se encuentra la espina nasal anterior (Figura 11).

Los orificios posteriores de las cavidades nasales corresponden a las coanas, son rectangualres y alargados, se encuentran limitados lateralmente por el borde posterior de la lámina medial de las apófisis pterigoides; superiormente por la cara inferior del cuerpo del hueso esfenoides, e inferiormente por el borde posterior de la lámina horizontal del palatino. El borde libre posterior del vómer separa ambas coanas (Figuras 6 y 7).

Las dos cavidades nasales óseas se encuentran separadas por la pared medial o tabique nasal óseo. Cada cavidad nasal consta a su vez de la pared superior o techo, una pared inferior o suelo y una pared lateral.

a. Tabique nasal óseo

Rara vez este tabique es exactamente perpendicular y medio. Se encuentra formado por la lámina perpendicular del hueso etmoides y el vómer. Entre ambos se forma un ángulo agudo, abierto anteriormente, cerrado por el cartílago del tabique nasal, que lógicamente no es posible observarlo en el cráneo óseo (Figura 14).

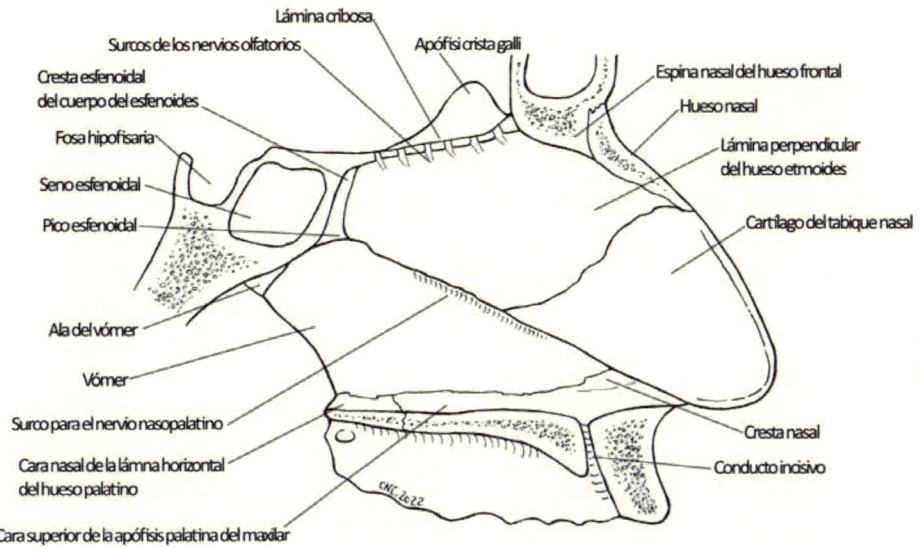

Figura 14. Cavidad nasal ósea. Tabique nasal óseo. Techo y pared inferior. Hueso integrantes.

Hueso Etmoides. La porción de la lámina perpendicular del etmoides sub-yacente a la lámina cribosa es la que contribuye a formar parte del tabique, se continúa superiormente con la base de la crista galli. El borde posterior se articula con la cresta esfenoidal del cuerpo del hueso esfenoides; el borde anterior se articula con la cresta posterior de la espina nasal del hueso frontal y con los huesos nasales. El borde inferior presenta dos porciones, una posterior articular para el vómer, y otra anterior para el cartílago del tabique nasal. Cerca del borde superior de la lámina perpendicular se aprecian pequeños surcos, huellas de los nervios olfatorios (Figura 14).

Vómer. Ocupa la parte posterior del tabique nasal óseo inferiormente a la lámina perpendicular del hueso etmoides. Su borde superior se articula con la cresta esfenoidal del cuerpo del hueso esfenoides, el inferior con la cresta nasal del maxilar y el anterior con la lámina perpendicular del hueso etmoides y el cartílago del tabique nasal. El borde posterior libre forma el borde posterior del tabique nasal óseo y separa las coanas. Ambas caras del vómer presentan pequeños surcos vasculares y nerviosos. Uno de ellos, más marcado, sigue el borde anterior del hueso y corresponde al surco para el nervio nasopalatino y la arteria nasopalatina rama de la arteria esfenopalatina, elementos que saldrán por los forámenes incisivos y conducto incisivo, situado en el paladar óseo (Figuras 7 y14).

b. Techo o bóveda

Es muy estrecho se encuentra formado de anterior a posterior por los huesos nasales, la espina nasal del hueso frontal, la lámina cribosa del hueso etmoides, y la cara anterior e inferior del cuerpo del hueso esfenoides (Figuras 14 y 18). También la cara inferior de la apófisis esfenoidal del hueso palatino, la apófisis vaginal de la apófisis pterigoides del hueso esfenoides y el ala del vómer contribuyen en una pequeña área de la pared superior, próxima a las coanas (Figuras 14 y 17). Los huesos nasales y la espina nasal del hueso frontal forman con la lámina cribosa del etmoides un ángulo obtuso.

Huesos nasales. Son dos pequeños huesos rectangulares articulados entre sí en la línea media por la sutura internasal, que es del tipo armónica (Figura 11). El borde superior dentado se articula con el borde nasal del hueso frontal. Por su cara posterior, se articulan con la cara anterior de la espina nasal del hueso frontal y también en la línea media con la lámina perpendicular del etmoides (Figuras 14 y 17). Los bordes inferiores limitan superiormente la apertura piriforme y se articulan con los cartílagos nasales (Figura 11 y 14). La cara profunda o posterior, forma parte del techo de las cavidades nasales óseas y presentan un fino surco longitudinal el surco etmoidal, para el ramo nasal externo del nervio etmoidal anterior, una de cuyas ramitas sale por la pequeña escotadura o incisura nasal existente en el borde inferior (Figuras 11 y 18). La cara superficial o anterior es irregularmente rugosa y presenta un orificio vascular en su parte media, el foramen nasal para el paso de un ramo de arterial de la arteria angular, rama de la arteria facial (Figuras 11 y 13).

Hueso frontal. La espina nasal del frontal, perteneciente a la porción nasal de este hueso, sale de la parte media de la escotadura etmoidal del frontal, y tiene la forma de una apófisis primática triangular de vértice inferior sobre cuyas caras anterolaterales se apoyan y articulan los huesos nasales (Figuras 14, 17 y 18).

Hueso etmoides. La cara inferior de la lámina cribosa del etmoides, forma parte del techo. La lámina cribosa, separa el techo de las fosas nasales de la fosa craneal anterior, con la que comunica por los forámenes de la lámina cribosa por los que pasan los nervios olfatorios, y el agujero etmoidal para el paso de los ramos nasales internos del nervio etmoidal anterior y la arteria etmoidal anterior que llegan a las fosas nasales por el foramen etmoidal anterior ya analizado en la órbita (Figuras 13, 14 y 24).

Hueso esfenoides. La cara anterior del cuerpo del hueso esfenoides, y en la parte más posterior del techo la cara inferior del cuerpo del hueso esfenoides. La cara anterior presenta en la línea media la cresta esfenoidal, para articularse con la lámina perpendicular del hueso etmoides y con el vómer, esta cresta anteriormente y en su parte más inferior forma el pico esfenoidal. En la cara anterior del cuerpo se abre en cada cavidad nasal, el orificio del seno esfenoidal a nivel del receso esfenoetmoidal, angulación formada entre la cara anterior del cuerpo del esfenoides y la pared lateral de las fosas nasales; este orificio se encuentra reducido con frecuencia por una laminilla ósea de concavidad superior, unida al esfenoides, denominada cornete esfenoidal de Bertin (Figuras 14, 17 y 18).

En la cara inferior del hueso esfenoides, próxima a la coana la apófisis vaginal de la apófisis pterigoides, se dirige medialmente apoyándose en la cara inferior del cuerpo del hueso esfenoides y se une con el borde del ala del vómer para constituir el conducto vomerovaginal (Figura 8). También esta apófisis vaginal forma con la apófisis esfenoidal del hueso palatino, el conducto palatovaginal (conducto faríngeo de Bock), que finaliza en la fosa pterigopalatina (Figuras 8, 20 y 21). La cara inferior de la apófisis esfenoidal del hueso palatino contribuiría a una pequeña porción del techo de la cavidad nasal ósea en su parte posterior. La disposición de estos huesos, determina que el ala del vómer, la apófisis vaginal de la apófisis pterigoides y la apófisis esfenoidal del hueso palatino, también formen parte, aunque en una pequeña área del techo de las cavidades nasales óseas como ha sido indicado (Figuras 14, 16, 17 y 18).

c. Pared inferior

La pared inferior es más ancha que el techo, siendo cóncava en sentido transversal. Se encuentra constituida anteroposteriormente por la cara superior de la apófisis palatina del maxilar, que constituirá el tercio anterior del suelo y por la cara nasal de la lámina horizontal del palatino, articuladas por la sutura palatina transversa (Figuras 14, 17 y 18).

Maxilar. La cara superior de la apófisis palatina es lisa y cóncava. En la porción anteromedial del suelo de cada cavidad nasal encontramos un orificio a cada lado del tabique nasal óseo, de ellos parten sendos conductos que se abren por los forámenes incisivos, situados en el fondo del conducto incisivo formado por la yuxtaposición de dos semicacanales de cada maxilar, en conjunto estos conductos tienen la forma de Y, cuya rama común se abre en la fosa incisiva del paladar óseo, por donde pasa el nervio nasopalatino y los vasos nasopalatinos (Figuras 7, 14 y 17).

Hueso palatino. La cara nasal de la lámina horizontal es lisa, continua posteriormente a la apófisis palatina del maxilar, con la que se articula su borde anterior para formar la sutura palatina transversa. En la línea media, se articulan las láminas horizontales de los huesos palatinos formando el tercio posterior de la sutura palatina media y muestran una elevación, llamada cresta nasal, que se articula con el vómer. Los bordes posteriores libres y agudos limitan las coanas y prestan inserción al velo del paladar; son cóncavos posteriormente y en la línea media forman la espina nasal posterior (Figuras 7, 14 y 17).

d. Pared lateral

Es complicada por el gran numero de huesos que entran en su constitución e irregular por la presencia de los cornetes. De los seis huesos que contribuyen a su formación, dos de ellos —el maxilar y el hueso esfenoides— sirven de apoyo a los restantes (Figura 15), los huesos palatino, etmoides, lagrimal y cornete nasal inferior (Figuras 16, 17 y 18).

Maxilar. Contribuye por la cara nasal de la apófisis frontal y por la cara nasal del cuerpo. En la cara medial de la base de la apófisis frontal se observa la cresta de la concha, horizontal y destinada a articularse con el cornete o concha nasal inferior y superiormente está la cresta etmoidal que se articula con el cornete nasal medio del hueso etmoides (Figura 15).

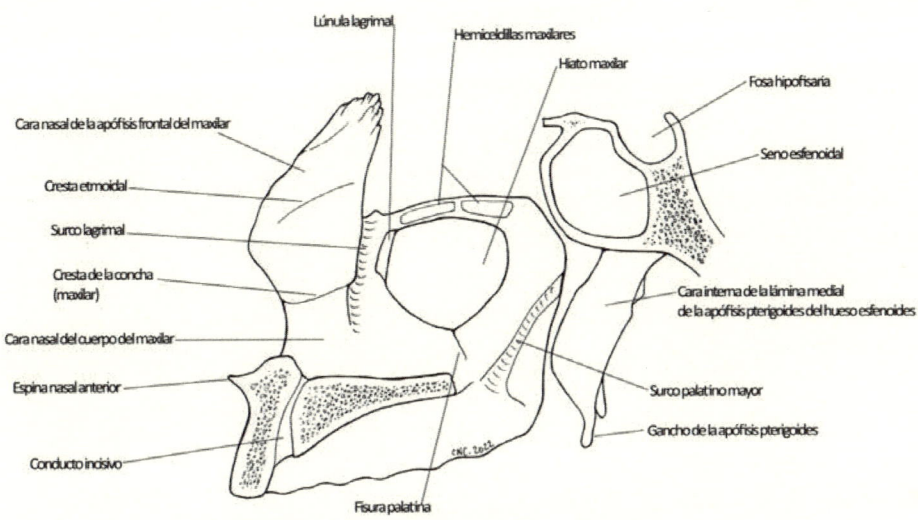

**Figura 15. Cavidad nasal ósea. Constitución de la pared lateral.
Huesos maxilar y esfenoides.**

La cara nasal del cuerpo se caracteriza por la existencia de un gran orificio triangular de base superior, el hiato maxilar, que da acceso al seno maxilar (cueva de Highmoro), cavidad labrada en el espesor del hueso que reproduce su misma forma. Entre la base de la apófisis frontal y el hiato maxilar se observa el surco lagrimal, cuyos labios se articulan con los bordes de otro surco excavado en la cara lateral del hueso lagrimal, formándose la mayor parte del conducto nasolagrimal. El labio posterior del surco lagrimal está constituido por la parte mas superior del borde anterior del hiato maxilar, que a este nivel se incurva anteriormente, formando una delgada lámina ósea, cornete lagrimal (lúnula lagrimal), que se articula con el lagrimal y contribuye a formar el mencionado conducto nasolagrimal (Figuras 15 y 16). Del extremo inferior del labio anterior del surco lagrimal, parte la cresta del cornete o de la concha, oblicua anterior e inferiormente que se articula con el cornete nasal inferior, como se ha señalado. Del ángulo inferior del hiato maxilar parte la fisura palatina en la que penetra la apófisis maxilar del palatino (Figuras 15 y 16). La porción dorsal al hiato maxilar, está dividida en dos áreas rugosas por un canal oblicuo orientado inferoanteriormente, el hueso palatino se articula con las dos zonas rugosas y al cubrir al canal lo transforma en el conducto palatino mayor que se abre en el paladar óseo (Figuras 8, 15 y 16).

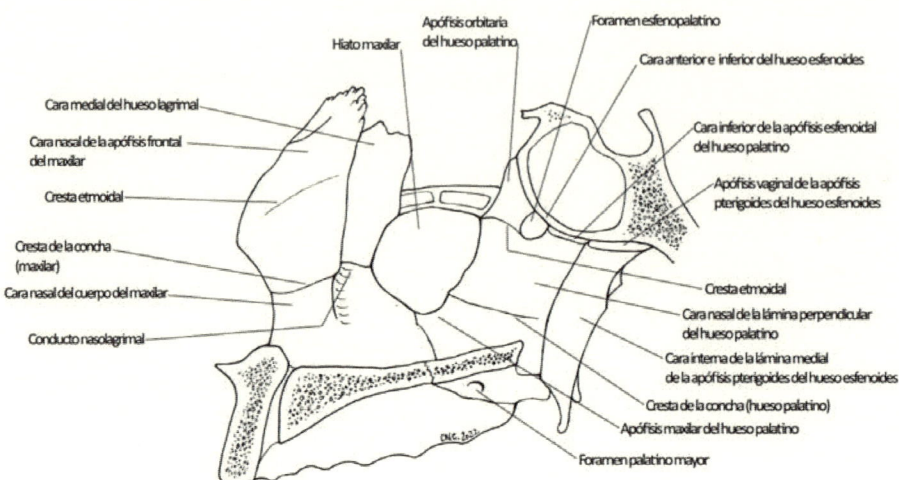

**Figura 16. Cavidad nasal ósea. Constitución de la pared lateral.
Huesos maxilar, lagrimal, esfenoides y palatino.**

Hueso esfenoides. La cara interna de la lámina medial de la apófisis pterigoides, situada en el mismo plano que la cara medial del maxilar forma la parte más posterior de la pared lateral (Figuras 15, 16 y 18). Medialmente se continúa con una laminilla ósea, apófisis vaginal, que forma una pequeña parte del techo de las cavidades como ya ha sido señalado.

Hueso palatino. La cara nasal de la lámina perpendicular del hueso palatino forma parte de la pared lateral, cierra medialmente el espacio comprendido entre el maxilar y la lámina medial de la apófisis pterigoides, con quienes se articula (Figuras 15 y 16). Inferiormente ocupa con su apófisis piramidal el espacio comprendido entre el borde posterior del maxilar y la escotadura pterigoidea, de esta forma dicha escotadura se encuentra cerrada por la apófisis piramidal, que contribuye a formar la fosa pterigoidea (Figuras 8 y 18). La lámina perpendicular o vertical es muy delgada y rectangular. Es notable la existencia en su borde superior, de una profunda escotadura esfenopalatina que separa la apófisis esfenoidal (posterior) de la orbitaria (anterior), que se articulan con el cuerpo del hueso esfenoides y transforma esta escotadura en el foramen esfenopalatino que comunica la cavidad nasal ósea con la fosa pterigopalatina, en el cráneo fresco se encuentra recubierto por la mucosa, este foramen se encuentra inferior al receso esfenoetmoidal, y por él pasan el nervio nasopalatino, los nervios nasales posteriores superiores y la arteria esfenopalatina (Figuras 16 y 20). La cara nasal muestra una prolongación denominada apófisis maxilar que cubre la parte posterior del hiato maxilar, estrechando este orificio. En esta cara se encuentran dos crestas anteroposteriores, una inferior o cresta de la concha, para el cornete nasal inferior, y otra superior llamada cresta etmoidal situada en la base de la apófisis orbitaria, para el cornete nasal medio del etmoides (Figura 16).

Etmoides. La cara medial del laberinto etmoidal (masas laterales) contribuye a formar la mayor parte de la mitad superior de la pared lateral, cerrando a este nivel el segmento superior del hiato maxilar. Se sitúa superiormente al maxilar, posterior y medial al hueso lagrimal y anterior al cuerpo del esfenoides y apófisis orbitaria del hueso palatino. Se caracteriza por presentar dos láminas óseas, que por su borde superior son continuas con el laberinto etmoidal, mientras que el inferior es libre. La más superior de estas láminas es el cornete nasal superior y ocupa solo la mitad posterior del hueso; la más inferior es el cornete nasal medio, de mayor tamaño que la superior, ocupa toda la dimensión del hueso (Figura 18). Entre estas láminas y la cara medial del laberinto etmoidal, existen unos espacios o meatos nasales superior y medio (Figura 11). De la porción anterior y lateral de la cara medial del laberinto etmoidal se desprende la apófisis unciforme, laminilla ósea que se dirige en dirección inferior y posterior, cruza el hiato maxilar, estrechando su entrada y finaliza articulándose con el cornete nasal inferior (Figura 17).

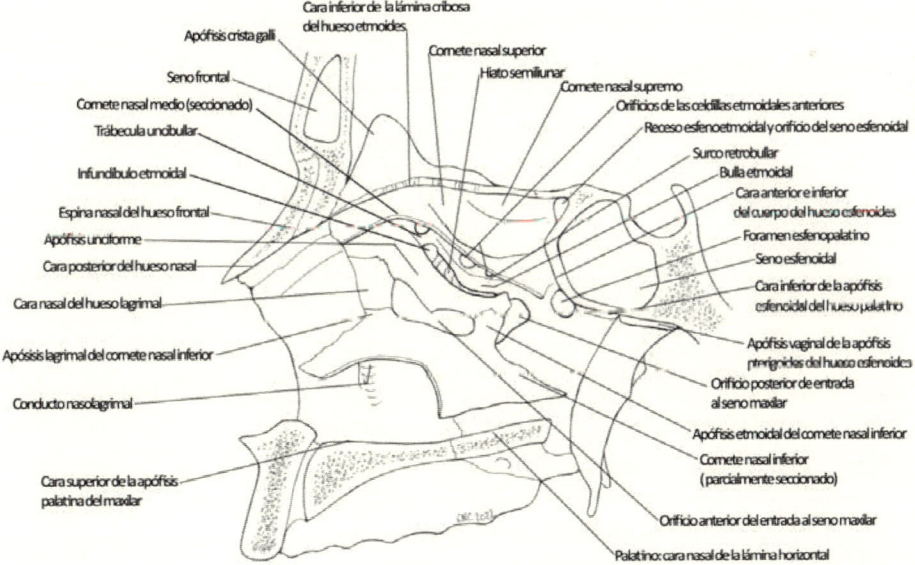

Figura 17. Cavidad nasal ósea. Constitución de la pared lateral. Huesos maxilar, lagrimal, esfenoides, palatino y etmoides. Se han seccionado el cornete nasal medio y el cornete nasal inferior.

El laberinto etmoidal localizado entre la cavidad orbitaria y la cavidad nasal ósea, es como un cubo irregular constituido por una serie de pequeñas cavidades o celdillas etmoidales, separadas unas de otras por débiles laminillas óseas que le dan el aspecto de un «panal» (Figura 20). Estas celdas se encuentran cerradas lateralmente por la cara lateral del laberinto o lámina papirácea, que forma parte de la órbita, medialmente se abren en los meatos nasales. Las celdillas etmoidales anteriormente se encuentran completadas por el hueso lagrimal y el maxilar (Figuras 15 y 16), superiormente por el hueso frontal, inferiormente por el maxilar y la apófisis orbitaria del hueso palatino, y posteriormente por el cuerpo del hueso esfenoides (Figuras 16, 17 y 18). Las celdillas etmoidales se encuentran dispuestas en dos o tres hileras superpuestas, su número es variable: 8 o 9. Se pueden distinguir un grupo posterior y uno anterior, más desarrollado. El posterior se abre en el meato nasal superior; el anterior en el meato nasal medio (Figuras 11, 17 y 18). Entre las del grupo anterior existen una o dos más voluminosas que forman relieve en el meato nasal medio, forman la bulla etmoidal, superior y posterior a ella se encuentra el surco o canal retrobullar. Inferior y anterior a la bulla, por tanto entre esta y la apófisis unciforme, se encuentra una hendidura llamada hiato semilunar. Presenta un orificio en su extremo superior el infundíbulo etmoidal, que en dirección superior se continúa, aunque no constantemente, con el seno frontal, pues a veces este se abre en el extremo superior de la apófisis unciforme o de la trabécula uncibullar. La trabécula uncibullar une los extremos superiores de la apófisis unciforme y de la bulla etmoidal. En el hiato semilunar y en el canal o surco retrobullar (posterior al relieve de la bulla etmoidal) se abren en número variable los orificios de las celdillas etmoidales anteriores (Figura 17). Una de ellas forma un relieve por delante del extremo anterior de la apófisis unciforme formando el agger nasi o eminencia nasal (Figura 18). La cara medial de los cornetes nasales es rugosa y con ligeros surcos, huella de los nervios olfatorios. Con alguna frecuencia existe, por encima del cornete nasal superior, otro llamado de Santorini o cornete nasal supremo, en estos casos la celdilla etmoidal más posterior se abre en el meato por el limitado, meato nasal supremo (Figura 17).

Hueso lagrimal o unguis. Es una pequeña y delgada lámina ósea que por su cara medial forma una pequeña parte de la pared lateral de la cavidad nasal, posterior a la apófisis frontal del maxilar y anterior al laberinto etmoidal; mientras que por su cara lateral forma parte de la pared medial de la órbita (Figuras 12 y 16). Una zona de la cara medial o etmoidal es rugosa y completa las celdillas etmoidales anteriores; otra pequeña y libre forma parte de la pared lateral nasal a nivel del meato nasal medio. El lagrimal se prolonga inferiormente hasta articularse con la apófisis lagrimal del cornete nasal inferior. A este nivel el lagrimal, al disponerse sobre el surco lacrimal del maxilar, lo transforma en el conducto nasolagrimal, que desemboca por un orificio en la parte anterior del meato nasal inferior. Este conducto pone en comunicación la órbita con el meato nasal inferior de la cavidad nasal, explicándose este hecho porque inferiormente al lagrimal lo limita la apófisis lagrimal del cornete nasal inferior (Figuras 16 y 17).

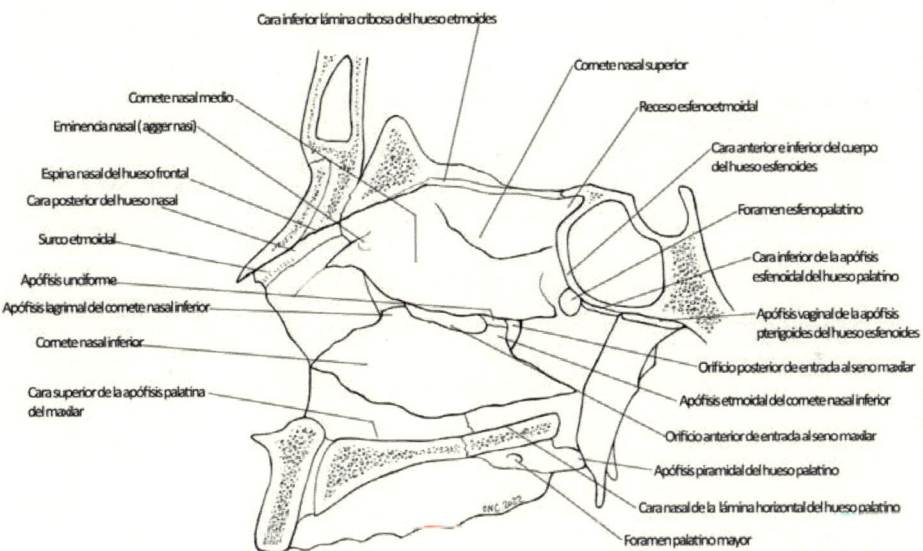

Figura 18. Cavidad nasal ósea. Pared lateral, techo y pared inferior.

Cornete o concha nasal inferior. Situado en la parte más inferior de la pared lateral de la cavidad nasal, forma una pequeña y delgada láminilla ósea incurvada. El borde superior se articula con la pared lateral de las fosas nasales, mientras que el inferior es libre, limitándose de esta forma un espacio entre su pared lateral cóncava y la de las fosas nasales, que es el meato nasal inferior. La pared medial, convexa y rugosa, forma parte del meato nasal común de las cavidades nasales óseas (Figuras 11 y 18).

El borde superior está articulado por sus extremos con las crestas de la concha de los huesos maxilar y palatino. Su parte media presenta tres apófisis, una anterior ascendente, apófisis lagrimal, cóncava lateralmente que forma la parte inferior del conducto nasolagrimal, articulándose con el borde inferior del hueso lagrimal y con la parte inferior de los labios del surco lagrimal del maxilar; otra posterior igualmente ascendente, para articularse con la apófisis unciforme del hueso etmoides, apófisis etmoidal, y otra intermedia, llamada apófisis maxilar que incurvándose sobre sí misma, se hace descendente y se articula con el borde inferior del hiato maxilar, contribuyendo por tanto a cerrar la parte inferior del hiato, y por su borde posterior se une a la apófisis maxilar del hueso palatino (Figuras 17 y 18).

Así pues, existen tres conchas o cornetes nasales constantes: superior, medio, pertenecientes al hueso etmoides, y el cornete nasal inferior. El espacio comprendido entre los cornetes nasales y la pared lateral de las fosas son los meatos nasales superior, medio e inferior (Figuras 11 y 18). En el superior tiene su orificio las celdillas etmoidales posteriores; en el medio, se abren las celdillas etmoidales anteriores donde determinan el relieve de la bulla etmoidal, el seno frontal a través del orificio del infundíbulo etmoidal y el seno maxilar tiene también en este meato medio su apertura; en el meato nasal inferior finaliza el conducto nasolagrimal que parte de la cavidad orbitaria. El espacio comprendido entre el tabique nasal y la cara medial de los tres cornetes se llama meato nasal común, en el que se abren los tres meatos, así como el seno esfenoidal a nivel del receso esfenoetmoidal (Figura 17).

e. Hiato maxilar

El hiato maxilar es un amplio orificio que da acceso al seno maxilar, está localizado en la cara nasal del maxilar, es irregularmente triangular de base superior (Figura 15). El orificio del hiato está reducido por el hueso palatino, el laberinto etmoidal, el lagrimal y el cornete nasal inferior. Es estrechado y dividido en dos por la apófisis unciforme del etmoides que dirigiéndose inferior y posteriormente se articula con la apófisis etmoidal del cornete nasal inferior (Figuras 16, 17 y 18). Existen dos orificios de acceso al seno maxilar, el posterior, que se continúa superiormente por una hendidura colocada entre la apófisis unciforme, y la bulla etmoidal, corresponde al hiato semilunar. El orificio anterior de entrada al seno maxilar se encuentra colocado entre la apófisis unciforme del hueso etmoides y el cornete nasal inferior, anteriormente lo limita el lagrimal, este orificio en el cráneo fresco se encuentra cubierto en la mayoría de los casos por la mucosa de las fosas nasales (Figuras 17 y 18).

1.4. Fosa temporal

Así se denomina a la depresión existente en la cara lateral del cráneo que, por tanto, es visible en una norma lateral. Está limitada periféricamente por la línea temporal superior del hueso parietal, que se continua anteriormente con la línea temporal del hueso frontal, por el borde lateral de la apófisis cigomática del hueso frontal y el posterior de la apófisis frontal del hueso cigomático que se continúa con los bordes superiores de la apófisis temporal del cigoma y apófisis cigomática del temporal, es decir, del arco cigomático (Figura 3). Su superficie o pared medial está integrada por las caras temporales de los huesos frontal, cigomático, porción escamosa del hueso temporal, ala mayor del hueso esfenoides y la porción del hueso parietal inferior a la línea temporal superior (Figura 3).

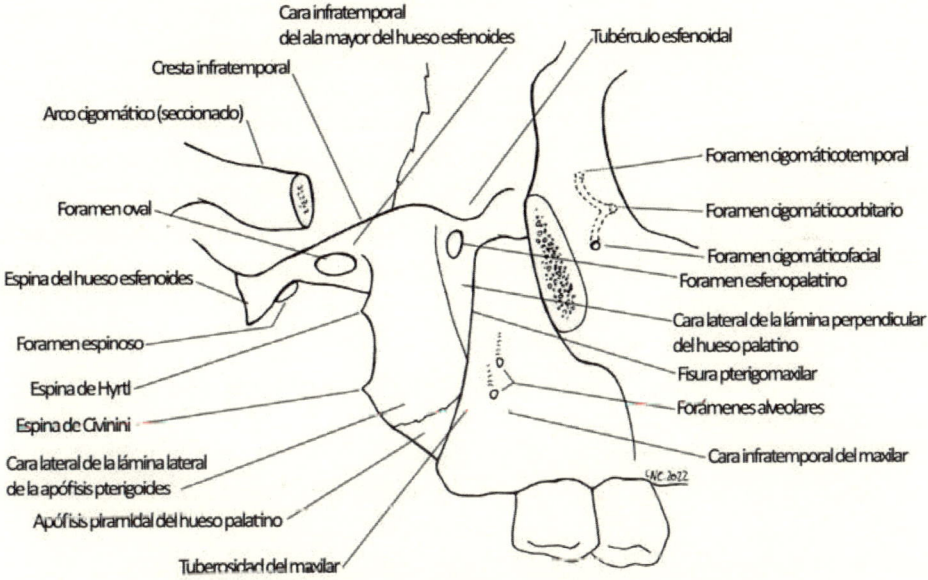

Figura 19. Visión lateral de la fosa pterigopalatina derecha con el arco cigomático seccionado.

A nivel del parietal y a unos 2 cm por debajo de la línea temporal superior se localiza la línea temporal inferior en el hueso parietal, esta se continúa posterior e inferiormente con la cresta supramastoidea de la porción escamosa del hueso temporal, mientras que superior y anteriomente es menos nítida. La cara temporal de la porción escamosa del hueso temporal, es convexa y con algunas rugosidades para el origen del músculo temporal; uno o dos surcos marcan el curso de la arteria temporal media (Figura 3). En la cara temporal del hueso cigomático se encuentra el foramen cigomáticotemporal donde se abre el conducto del mismo nombre, por el cual comunica la fosa temporal con la órbita (Figura 19). Inferiormente la fosa temporal se encuentra limitada por la cresta infratemporal del ala mayor del hueso esfenoides. Como la fosa temporal se hace más profunda en dirección inferior, la cresta infratemporal se encuentra separada del arco cigomático por un amplio espacio el «asa de la calavera», por el cual la fosa temporal comunica con la cigomática o infratemporal (Figuras 3 y 19). La fosa temporal, que contiene al músculo del mismo nombre, no tiene pared lateral, esta es aponeurótica corresponde a la fascia temporal, que se inserta en los límites periféricos de la fosa temporal.

1.5. Fosa infratemporal

También denominada fosa cigomática es una amplia excavación que presenta el esqueleto de la cabeza y que se encuentra oculta por la rama de la mandíbula (Figuras 3 y 27). Está delimitada solamente por las paredes lateral, medial y superior. La pared lateral, por tanto, es la cara medial de la rama de la mandíbula, en ella se observa el foramen mandibular limitado anteriormente por la língula de la mandíbula (espina de Spix). Esta fosa comunica con el exterior por la escotadura mandibular (Figuras 27 y 28). La pared medial está formada por la cara lateral de la lámina lateral de la apófisis pterigoides del hueso esfenoides y la cara infratemporal del maxilar. Entre ambas partes existe una pequeña abertura, fisura pterigomaxilar por la cual comunica con la pterigopalatina (Figura 19). La cara infratemporal del maxilar, así llamada por estar situada inferior a la fosa temporal, es lisa y convexa, terminando posteriormente en un relieve denominado tuberosidad del maxilar (Figura 19). Su parte inferior, más estrecha y rugosa, se articula con la apófisis piramidal del hueso palatino y la apófisis pterigoides del hueso esfenoides (Figura 19). En la cara lateral de la tuberosidad se localizan dos o tres orificios, forámenes alveolares (orificios dentarios posteriores) que dan paso a los finos conductos alveolares, por los que llegan los vasos y nervios alveolares superiores posteriores (Figura 19). Superiormente la carilla infratemporal del maxilar forma un ángulo con la orbitaria; esta arista no articular limita con el ala mayor del hueso esfenoides y el hueso cigomático, la fisura orbitaria inferior, por la que comunican la fosa infratemporal, y cavidad orbitaria (Figuras 8 y 20). La pared superior o techo está formada medialmente, por la cara infratemporal del ala mayor del hueso esfenoides y una pequeña parte de la porción escamosa del hueso temporal; lateralmente existe el espacio que deja el arco cigomático, por donde comunica con la fosa temporal. La cara infratemporal o cigomática del ala mayor del hueso esfenoides está delimitada de la cara temporal por la cresta infratemporal. En la cara infratemporal se encuentran los orificios, foramen oval y espinoso o redondo menor (Figuras 8, 10 y 19). La fosa cigomática no posee suelo o pared inferior.

1.6. Fosa pterigopalatina

Es una pequeña depresión existente entre el borde anterior de la apófisis pterigoides y la tuberosidad del maxilar que, separados superiormente, casi contactan inferiormente, aunque separados por la apófisis piramidal del hueso palatino (Figura 19). Medialmente está cerrada y por tanto limitada por la cara lateral de la lámina perpendicular del hueso palatino, donde en su parte superior se encuentra el foramen esfenopalatino que la comunica con la cavidad nasal ósea correspondiente (Figuras 15, 16, 18, 19 y 20). El techo o pared superior está formado por una pequeña porción del ala mayor del hueso esfenoides, que corresponde a la parte más medial de la cara infratemporal. Lateralmente comunica con la fosa infratemporal a través de la fisura pterigomaxilar (Figura 19).

La pared posterior es la más importante de todas por sus relaciones, corresponde a la cara anterior y lateral de la apófisis pterigoides y más exactamente a su base de implantación, está orientada hacia anterior y lateral. En ella se observan dos áreas separadas por una cresta oblicua, una superficie superior y lateral que presenta el orificio exocraneal del foramen rotundum o redondo mayor, para el nervio maxilar; otra inferomedial, donde se observa una pequeña depresión para el ganglio pterigopalatino, en cuyo fondo se encuentra el orificio de salida del conducto vidiano, para el nervio del conducto pterigoideo o vidiano y la arteria vidiana, rama colateral de la arteria maxilar, por tanto el orificio vidiano se encuentra en un nivel inferior al redondo mayor, y además el orificio anterior del conducto palatovaginal, para el nervio faríngeo y un ramito arterial faríngeo (Figura 21). El corto conducto que continúa al foramen rotundum o redondo mayor lo comunica con la fosa craneal media, el conducto pterigoideo (vidiano) que lo comunica con la base del cráneo y el palatovaginal, que lo comunica con la cara superior de la cavidad nasal ósea próximo a la coana (Figuras 20 y 21).

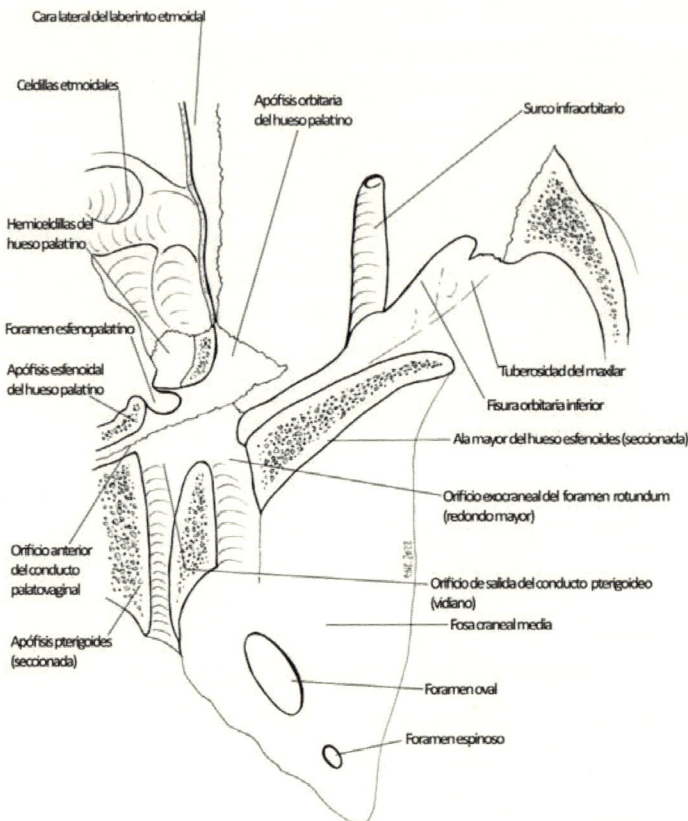

Figura 20. Sección transversal oblicua de la fosa pterigopalatina derecha que pasa por el orificio exocraneal del conducto redondo mayor, orificio de salida del conducto pterigopalatino o vidiano y por el orificio anterior del conducto palatovaginal.

La pared anterior es casi vertical y convexa transversalmente, ella se extiende desde el borde inferior de la cara orbitaria del ala mayor hasta el arco alveolar del maxilar. Se pueden distinguir dos partes: la superior que corresponde a la porción más medial de la fisura orbitaria inferior o hendidura esfenomaxilar, por intermedio de la cual comunica con la órbita, y otra inferior que representa la mayor parte de esta pared constituida por la tuberosidad del maxilar, que presenta en su parte superior, el surco infraorbitario, y un poco lateralmente en los límites de la fosa se encuentran los forámenes alveolares u orificios dentarios posteriores, en número de dos a tres, uno de cuales representa el orificio por donde penetra la arteria alveoloantral (Figuras 19 y 20). En la parte más medial de esta pared, en el angulo diedro muy agudo que forma la tuberosidad del maxilar con el hueso palatino, se encuentra el orificio superior del conducto palatino mayor, este conducto se forma entre el surco palatino mayor de la cara lateral de lámina perpendicular del palatino que es completado por otro del maxilar, termina en el foramen palatino mayor del paladar óseo (Figuras 8, 15, 16 y 18). En la parte posterior de la lámina perpendicular del palatino se encuentran labrados uno o dos pequeños conductos palatinos menores que parten del surco palatino mayor y desembocan en la parte más posterior de la bóveda palatina, a nivel de la cara inferior de la apófisis piramidal, en los forámenes palatinos menores (Figura 8). La fosa pterigopalatina está ocupada por el nervio maxilar, el ganglio pterigopalatino, la arteria esfenopalatina, nervio y vasos del conducto pterigoideo y nervio faríngeo.

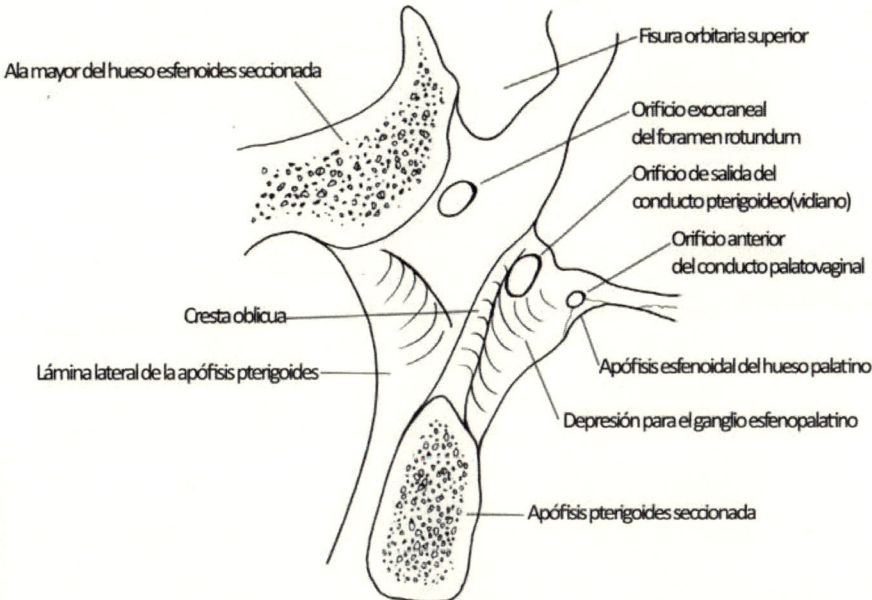

Figura 21. Sección de la apófisis pterigoides y ala mayor del hueso esfenoides derechas para observar la pared posterior de la fosa pterigopalatina.

2. Endocráneo

Corresponde más exactamente al neurocráneo, superficie donde queda alojado el encéfalo, protegido por las menínges. Para su estudio es necesario dar una sección oblicua que pase anteriormente por el nasion y posteriormente por la protuberancia occipital externa.

2.1. Calvaria

La superficie endocraneal de la calvaria es cóncava. Formada por las caras internas o endocraneales de todas aquellas partes de los huesos examinados en la cara exocráneana de la calvaria. Anteroposteriormente está formada por el hueso frontal, los huesos parietales, el hueso esfenoides, los huesos temporales y el hueso occipital (Figura 22).

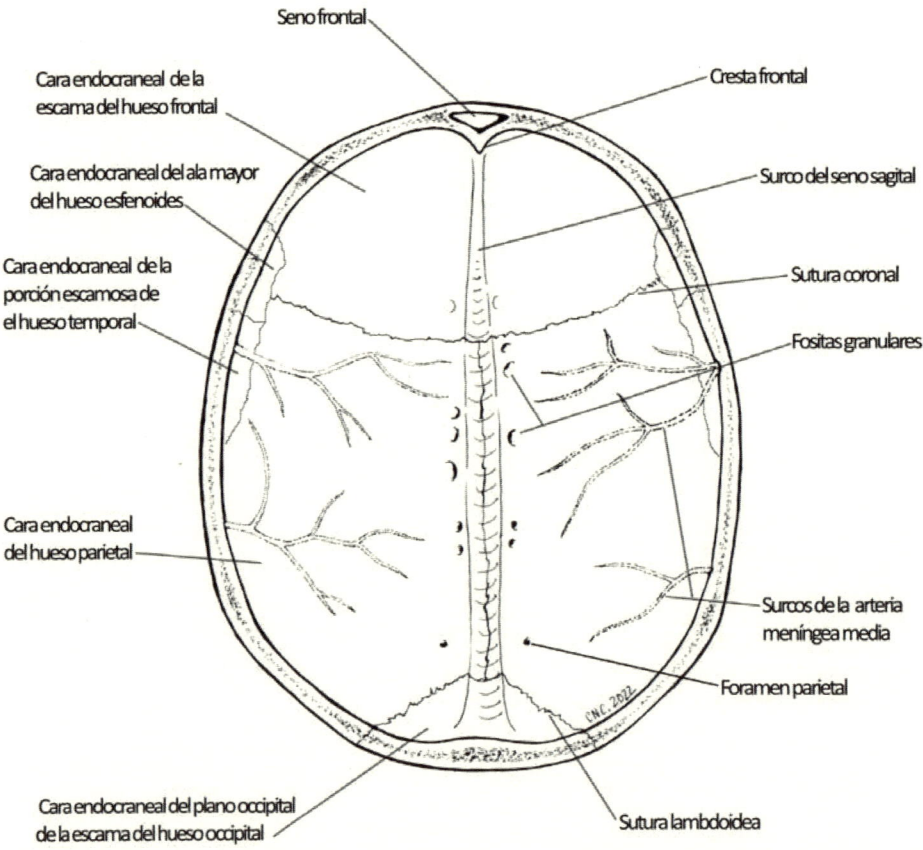

Figura 22. Endocráneo. Calvaria. Huesos integrantes y detalles localizados en la línea media y lateralmente.

2.1.1. Línea media

En la línea media y de anterior a posterior se encuentran (Figura 22):

— Cresta frontal. En el hueso frontal y situada superior al foramen ciego. En ella se inserta la hoz del cerebro. Se bifurca superiormente
   para formar el surco del seno sagital superior.
— Surco del seno sagital superior. La cresta frontal se bifurca superiormente y forma el surco del seno sagital superior que se continúa a nivel de la sutura sagital, al formarse por las depresiones longitudinales
   de cada hueso parietal, y se extiende sobre la cara cóncava endocraneal del occipital hasta la protuberancia occipital interna.
— Protuberancia occipital interna. Relieve en el hueso occipital que se corresponde en la cara exocraneal con la protuberancia occipital externa, y
   donde confluyen varios senos venosos durales para formar la confluencia
   de los senos o prensa de Herófilo que puede traducirse por una depresión
   en el centro de la protuberancia denomina fosita torcular (Figura 23).

2.1.2. Lateralmente a la línea media

Flanqueando el surco del seno sagital superior se observan pequeñas depresiones que corresponde a las fositas granulares donde se alojan las granu-
laciones aracnoideas (de Pacchioni). También se encuentran los forámenes
parietales, a ambos lados del surco del seno sagital superior, observados en
la cara exocranea de la calvaria. Las suturas coronal y lambdoidea, son más
sencillas y menos dentadas que en la cara exocraneal (Figura 22).

En los huesos parietales se ven unos surcos, como una «hoja de higuera»
que se ramifican en dirección ascendente y que corresponden a los surcos ar-
teriales de la arteria meníngea media, pueden extenderse hacia el hueso frontal. El más voluminoso de ellos se encuentra cerca del ángulo anteroinferior
del hueso parietal; a este nivel puede puede rodear por completo una laminilla
ósea por completo a la arteria, formándole un conducto, que en caso de frac-
tura podría dañar el vaso (Figura 22).

La cara cóncava endocraneal de la escama del hueso occipital, presenta
a los lados de la protuberancia occipital interna sendos surcos que parten de
ella, corresponden a los surcos de los senos transversos, que delimitan lateralmente la calvaria de la base. En la cara endocraneal de la escama del hueso

occipital y a los lados del surco del seno sagital superior y limitados inferiormente y a cada lado por los surcos de los senos transversos, se encuentran las fosas cerebrales, inferiormente a ellos se localizan las fosas cerebelosas, pertenecientes a la base del cráneo (Figuras 22 y 23).

2.2 Base

Llama la atención la peculiar forma que adopta, debido a la adaptación, osificación y crecimiento de los huesos a la cara basal del encéfalo. En ella podemos distinguir tres regiones o fosas, llamadas fosa craneal anterior, media y posterior, dispuestas de superior a inferior y de anterior a posterior, siendo la más superior la fosa craneal anterior y la más inferior la posterior.

2.2.1. Fosa craneal anterior

Límites

La fosa craneal anterior corresponde a la más superior y anterior, también puede ser denominada frontal, por estar formada en su mayor parte por el hueso frontal. Se encuentra delimitada de la fosa craneal media, lateralmente por los bordes posteriores agudos de las alas menores del hueso esfenoides, y en la parte media por el tubérculo de la silla, relieve a manera de cresta transversal situada en la cara superior del cuerpo del esfenoides y que limita posteriormente el surco prequiasmático o canal óptico (Figura 23).

Huesos integrantes

En su constitución participan el hueso frontal, el hueso etmoides y el hueso esfenoides (Figura 23).

— Hueso frontal. La porción horizontal del hueso frontal se encuentra dividida por la gran escotadura etmoidal en dos porciones laterales u orbitarias, unidas anteriormente por la porción nasal que contiene unas cavidades en su interior los senos frontales (Figura 17). Las porciones orbitarias poseen dos caras, la cara superior o cerebral es la que forma parte de la fosa craneal anterior.

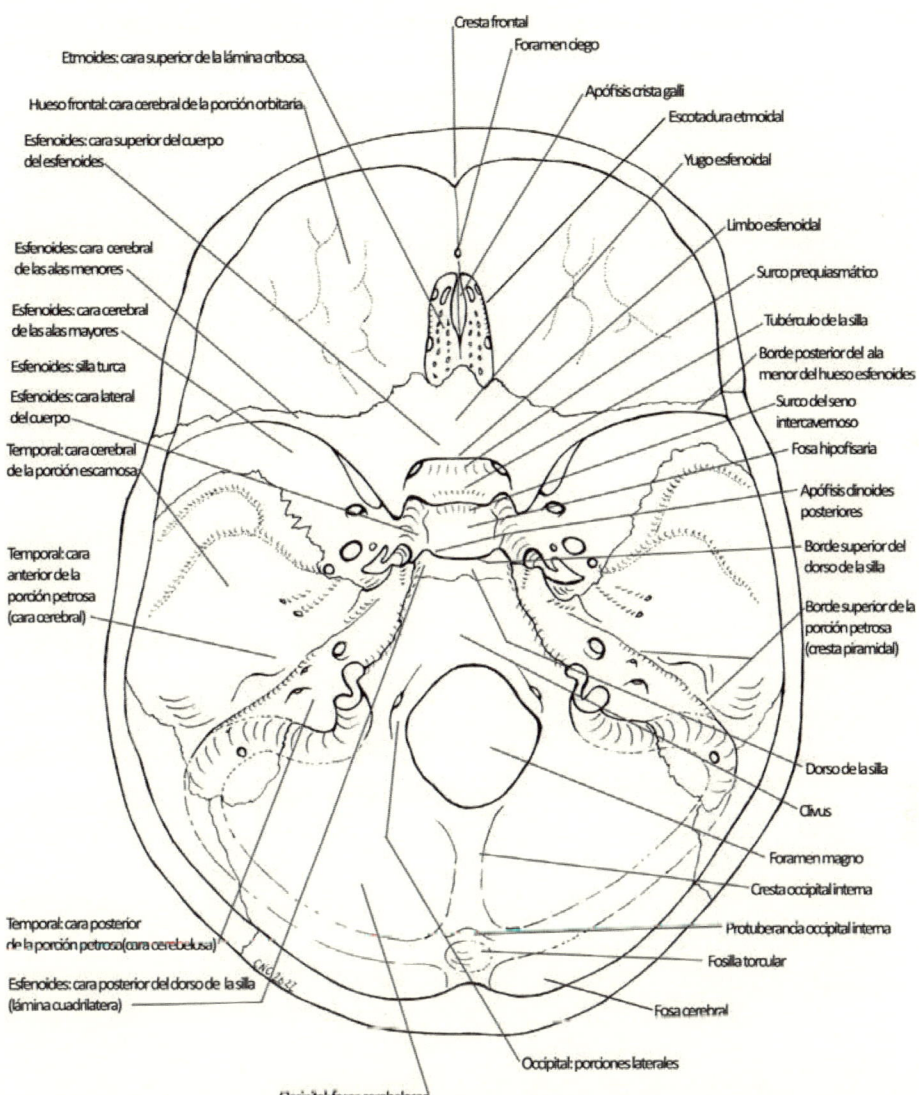

Cresta frontal
Foramen ciego
Etmoides: cara superior de la lámina cribosa
Apófisis crista galli
Hueso frontal: cara cerebral de la porción orbitaria
Escotadura etmoidal
Esfenoides: cara superior del cuerpo del esfenoides
Yugo esfenoidal
Limbo esfenoidal
Esfenoides: cara cerebral de las alas menores
Surco prequiasmático
Esfenoides: cara cerebral de las alas mayores
Tubérculo de la silla
Esfenoides: silla turca
Borde posterior del ala menor del hueso esfenoides
Esfenoides: cara lateral del cuerpo
Surco del seno intercavernoso
Temporal: cara cerebral de la porción escamosa
Fosa hipofisaria
Apófisis clinoides posteriores
Borde superior del dorso de la silla
Temporal: cara anterior de la porción petrosa (cara cerebral)
Borde superior de la porción petrosa (cresta piramidal)
Dorso de la silla
Clivus
Foramen magno
Cresta occipital interna
Temporal: cara posterior de la porción petrosa (cara cerebelosa)
Protuberancia occipital interna
Esfenoides: cara posterior del dorso de la silla (lámina cuadrilatera)
Fosilla torcular
Fosa cerebral
Occipital: porciones laterales
Occipital: fosas cerebelosas

Figura 23. Endocráneo. Base. Límites de las fosas craneales anterior, media y posterior. Huesos integrantes y detalles localizados en la línea media.

— Hueso etmoides. En este hueso impar y medio podemos considerar una lámina perpendicular de disposición sagital y otra horizontal que corresponde a la lámina cribosa de cuyos bordes laterales están suspendidos los laberintos etmoidales (masas laterales). La lámina cribosa ocupa la escotadura etmoidal del frontal. La lámina perpendicular se encuentra dividida en dos partes por la lámina cribosa. La porción colocada superiormente a ella representa solo la cuarta parte de su dimensión y forma un relieve sagital en la fosa craneal anterior, es la apófisis crista galli, nombre que expresa su morfología. La apófisis crista galli y la cara superior de la lámina cribosa contribuyen a la fosa craneal anterior (Figuras 14 y 23).

— Hueso esfenoides. La cara superior del cuerpo del esfenoides presenta anterior al surco prequiasmático o canal óptico una superficie cuadrilatera y lisa que corresponde al yugo esfenoidal, que se articula anteriormente con la apófisis crista galli y la lamina cribosa a los lados. También forma parte de esta fosa la cara superior o cerebral de las alas menores que salen de la parte más superior y anterior del cuerpo del esfenoides (Figura 23).

Línea media

En la línea media, de anterior a posterior se observan (Figura 23):

— Foramen ciego. Superiormente a él se encuentra la cresta frontal ya mencionada. Este agujero conduce a un conducto corto que finaliza en un fondo de saco, donde introduce una prolongación fibrosa de la duramadre. Se situa entre el hueso frontal y el hueso etmoides. En el niño pasa por este orificio una vena emisaria que comunica la circulación intracraneal con las fosas nasales, con el peligro de afectación de los senos o meninges en las infecciones nasales.

— Apófisis crista galli. Corresponde a la porción superior de la lámina perpendicular del etmoides. La vertiente anterior de esta cresta es más abrupta que la posterior. En el borde superior se inserta la hoz del cerebro.

— Yugo esfenoidal. Corresponde a la parte anterior lisa de la cara superior del cuerpo del esfenoides.

— Surco prequiasmático. También recibe los nombres de surco quiasmático y canal óptico. Es un surco transversal donde se aloja el borde anterior del quiasma óptico. Se encuentra limitado del yugo esfenoidal por una ligera cresta, el limbo esfenoidal. Un relieve poco marcado el tubérculo de la silla, delimita posteriormente el surco prequiasmático.

Lateralmente a la línea media

— Hueso frontal. La cara cerebral de las porciones orbitarias es irregular, mostrando depresiones denominadas impresiones digitales (impressiones gyrorum) y relieves o eminencias mamilares (juga cerebralis), que corresponden a las circunvoluciones y surcos del lóbulo frontal del cerebro respectivamente. Posteriormente las porciones orbitarias del frontal forman un borde delgado que se articulan con las alas menores del hueso esfenoides (Figura 24).

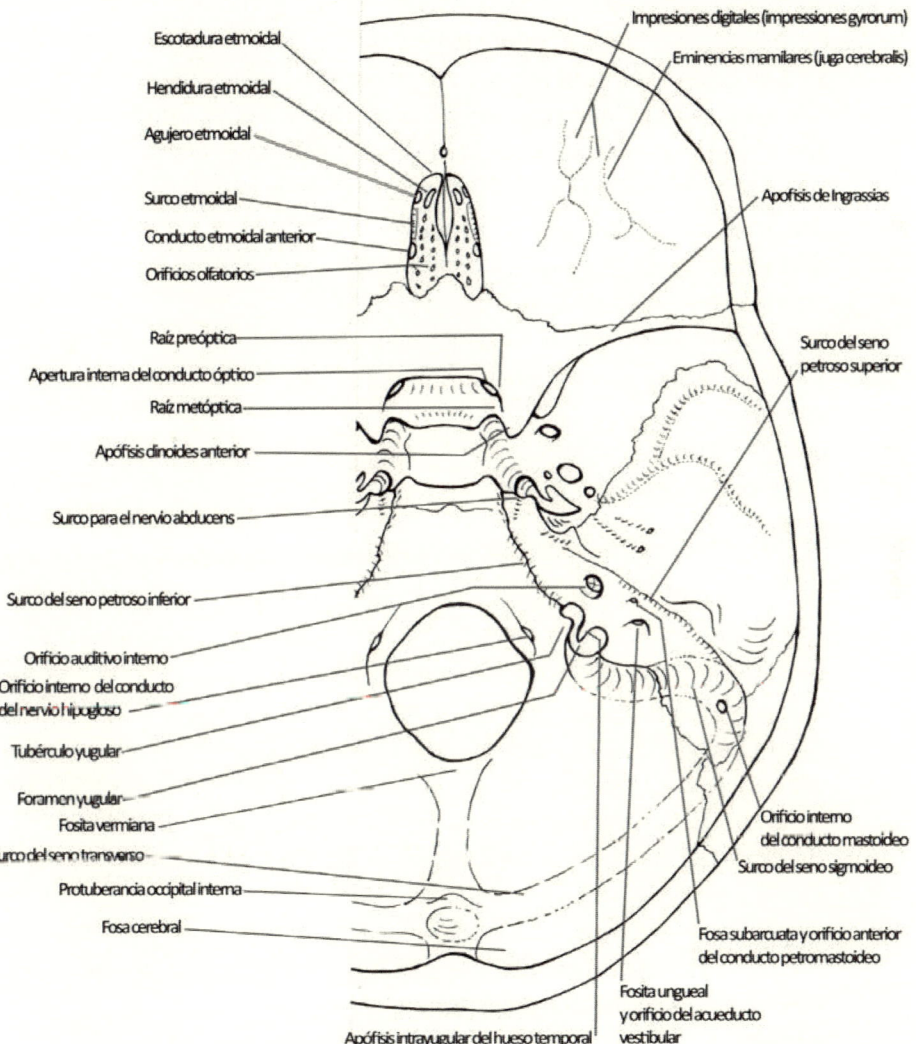

Figura 24. Endocráneo. Detalles localizados en las fosas craneales anterior y posterior.

— Hueso etmoides. La lámina cribosa que ocupa la escotadura etmoidal del hueso frontal lleva este nombre por presentar pequeños y numerosos orificios que la perforan. Su cara superior endocraneal está dividida por la apófisis crista galli en dos porciones laterales que se encuentran exacavadas anteroposteriormente para formar los canales olfatorios en cuya parte anterior se disponen los bulbos olfatorios. Los forámenes de la lámina cribosa (orificios olfatorios), se encuentran a cada lado de la apófisis crista galli, su número varía de 15 a 20 y aunque irregularmente dispuestos, se les ve colocados en dos hileras, una lateral y otra medial; por estos orificios pasan los nervios olfatorios, que proceden de las neuronas receptoras olfatorias del epitelio olfatorio. Los dos orificios más anteriores son distintos, el lateral suele ser algo mayor, es el agujero etmoidal que se abre en la cavidad nasal correspondiente, y que está precedido por un estrecho surco, el surco etmoidal en el borde lateral de la lámina cribosa y se continúa por el conducto etmoidal anterior que se abre en la órbita por el foramen etmoidal anterior. Por el foramen etmoidal anterior, conducto etmoidal anterior, surco etmoidal y agujero etmoidal pasan el nervio etmoidal anterior y los vasos etmoidales anteriores que, desde la órbita y por este complicado trayecto, alcanzan las cavidades nasales; el medial, junto a la apófisis crista galli, es de aspecto distinto, denominándosele hendidura etmoidal, y da paso a una prolongación de la duramadre (Figuras 13 y 24).

— Hueso esfenoides. Lateralmente se observan en esta fosa las caras cerebrales de las alas menores. Salen de la parte más anterior y superior del cuerpo por dos raíces, una raíz superior delgada que parece prolongar lateralmente el yugo esfenoidal (preóptica) y la otra posteroinferior más estrecha (metóptica). Las dos raíces se unen y con la porción correspondiente al cuerpo del hueso esfenoides circunscriben la apertura craneal o interna del conducto óptico, este de unos 5 mm de longitud da paso al nervio óptico y la arteria oftálmica. La cara superior de las alas menores es plana y lisa y se continúa anteriormente con la cara superior de la porción orbitaria del hueso frontal. La raíz inferior o metóptica tiene una robusta prolongación, dirigida posterior y medialmente que es la apófisis clinoides anterior, y que es continua con el borde posterior del ala menor. Aplanadas superoinferiormente, las alas menores se estrechan lateralmente, terminando en punta. El borde anterior finamente dentado se articula con el hueso frontal. El borde posterior del ala menor, ligeramente cóncavo y cortante, determina que, en conjunto, el ala menor reciba también la denominación de apófisis de Ingrassias (Figuras 23 y 24).

2.2.2. Fosa craneal media

Límites

Esta fosa, también denominada esfenotemporal, queda limitada de la posterior en la línea media por el borde superior del dorso de la silla o lámina cuadrilátera del hueso esfenoides y las apófisis clinoides posteriores, y lateralmente por el borde superior de la porción petrosa o cresta piramidal del peñasco. En la fosa craneal media se pueden distinguir dos porciones, una media más elevada, porción hipofisaria, y una lateral a cada lado, o fosas esfenotemporales. La porción hipofisaria está formada por la silla turca, limitada lateralmente por los surcos carotídeos. Las porciones laterales o fosas esfeno-temporales, alojan los lóbulos temporales del cerebro (Figura 23).

Huesos integrantes

En su constitución entran a formar parte el hueso esfenoides y los huesos temporales (Figura 23).
— Hueso esfenoides. En la porción hipofisaria participa la silla turca que corresponde a la cara superior del cuerpo del hueso esfenoides, que se delimita del surco prequiasmático o canal óptico por el tubérculo de la silla. En las fosas esfenotemporales intervienen las caras laterales del cuerpo y la cara cerebral de las alas mayores del hueso esfenoides.
— Hueso temporal. Forma parte de la fosa esfenotemporal la cara cerebral de la porción escamosa del hueso temporal que se articula, en su parte anterior, con el ala mayor del hueso esfenoides. Así como la cara anterior de la porción petrosa (cara cerebral) que está separada de la cara posterior (cara cerebelosa) por el borde superior de la porción petrosa o cresta piramidal del peñasco.

Porción media o hipofisaria

En la cara superior o cerebral del cuerpo del hueso esfenoides existe una profunda depresión, o fosa hipofisaria, donde se aloja la glándula pituitaria o hipófisis. Esta depresión, junto con los relieves óseos que la limitan, constituye la silla turca. Posteriormente se encuentra limitada por una lámina ósea, el dorso de la silla o lámina cuadrilatera, cuyo borde superior termina lateralmente en las apófisis clinoides posteriores, eminencias óseas muy variables. La cara posterior de esta lámina desciende para continuarse con el clivus del hueso occipital (Figuras 23 y 25). Anteriormente la silla turca está limitada por el tubérculo de la silla. El tubérculo de la silla, como se ha referido, es un relieve poco marcado que limita posteriormente el surco prequiasmático o canal óptico. En la vertiente anterior de la silla se localiza el surco del seno intercavernoso, inmediatamente inferior al tubérculo de la silla (Figura 23).

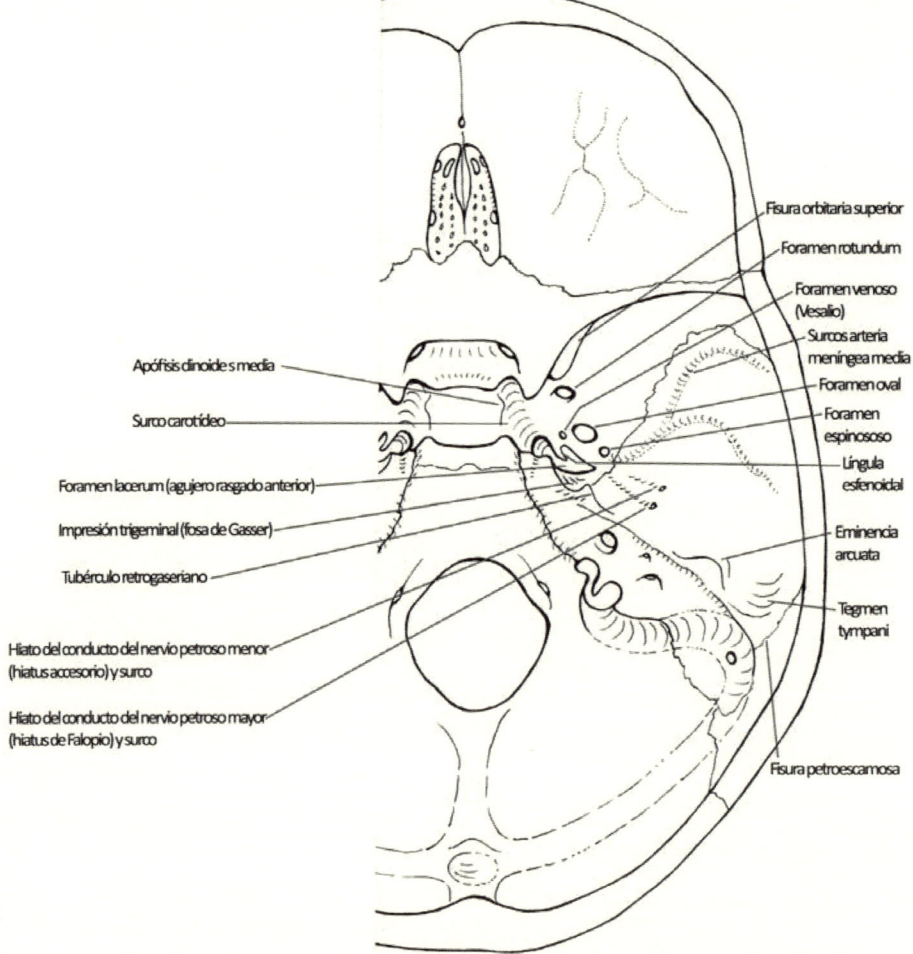

Figura 25. Endocráneo. Detalles localizados en la fosa craneal media.

En el suelo de la fosa hipofisaria existe, a veces, una pequeña depresión, vestigio del conducto craniofaríngeo por el que pasa el pedículo de la adeno-hipófisis. Restos epiteliales de esta formación pueden quedar incluidos en el cuerpo del hueso esfenoides.

Lateralmente la silla turca se continúa insensiblemente con las caras laterales del cuerpo del hueso esfenoides menos en su parte media donde suele existir un pequeño relieve óseo o apófisis clinoides medias (Figura 25).

Porciones laterales o fosas esfenotemporales

— Hueso esfenoides. La cara lateral del cuerpo solo existe realmente en su parte superior, pues del resto se desprenden las alas del hueso esfenoides, superior y anteriormente las alas menores e inferior y posteriormente, las alas mayores. En la porción libre, superior y posteriormente a la raíz del ala mayor, hay labrado un canal en forma de S, es el surco carotídeo, huella de la arteria carótida interna y donde se aloja también el seno cavernoso, por ello también recibe el nombre de canal cavernoso. La parte posterior de su borde lateral se encuentra limitada muchas veces por una laminilla ósea que rodea en parte a la arteria carótida interna y que se dirige hacia el peñasco, es la língula esfenoidal. En la parte anterior de este surco, entre este y la vertiente anterior de la fosa hipofisaria, se sitúa la apófisis clinoides media ya señalada (Figuras 23 y 25).

La cara cerebral o endocraneal del ala mayor es cóncava, en ella y atravesando la raíz, se encuentra el foramen rotundum o redondo mayor, situado 3 mm inferior al extremo medial de la fisura orbitaria superior. Es un conducto muy corto que termina en la fosa pterigopalatina para el paso del nervio maxilar. Posterior y lateral a él se encuentran el foramen oval, para el nervio mandibular, y arteria meníngea accesoria. El foramen espinoso o redondo menor está situado posterior y lateral al foramen oval, por él pasa la arteria meníngea media y el ramo meníngeo del nervio mandibular. Este último se continúa lateralmente con un surco labrado por la arteria meningea media que se prolonga ramificándose por las caras cerebrales del hueso parietal y escama del hueso temporal (Figura 25).

En esta región se pueden encontrar dos orificios inconstantes el foramen venoso o de Vesalio, situado anterior y medial al foramen oval, atravesado por una vena emisaria que comunica el plexo venoso pterigoideo con el seno cavernoso, y el foramen petroso u orificio superior del conducto inominado de Arnold, localizado medial y posterior al foramen oval para el paso del nervio petroso menor (nervio petroso superficial menor) unido con el ramo comunicante del plexo timpánico (Figura 25).

Anterior al foramen rotundum, el ala mayor forma el límite inferior de la fisura orbitaria superior (hendidura esfenoidal), el borde superior corresponde al ala menor. Esta fisura orbitaria superior es más ancha medial que lateralmente, comunica con la órbita y por ella pasan los ramos superior e inferior del nervio oculomotor (III); nervio abducens o motor ocular externo (VI); nervio troclear o patético (IV); nervios frontal, nasociliar y lagrimal (ramos del nervio oftálmico, Va-V1); la raíz simpática del ganglio ciliar; la vena oftálmica superior y el ramo orbitario de la arteria meníngea media, como ha sido señalado en la órbita (Figuras 13 y 25).

El vértice de la porción petrosa del hueso temporal presenta el orificio interno del conducto carotídeo. El vértice de la porción petrosa no alcanza el ángulo existente entre el cuerpo y el ala mayor del hueso esfenoides, delimitándose de esta forma el foramen lacerum (agujero rasgado anterior) (Figuras 8 y 25). Muchas veces la língula esfenoidal llega hasta la porción petrosa dividiendo a este orificio en dos, uno interno sobre el que se apoya la carótida interna en el punto que penetra en el seno cavernoso, a su salida del conducto carotídeo, y otro externo u orificio esfenopetroso (agujero petroso), cerrado por una lámina fibrosa en el cráneo fresco que es atravesada por el nervio del conducto pterigoideo o vidiano y el nervio petroso menor (o petroso superficial menor). El nervio petroso mayor (o petroso superficial mayor) y la rama simpática del plexo carotídeo interno forman el nervio del conducto pterigoideo o vidiano. Las fibras que los separan pueden osificarse y formar un orificio muy pequeño en el ala mayor del hueso esfenoides, localizado medial y posterior al foramen oval, es el ya mencionado foramen petroso o inominado de Arnold. Por delante de este puede verse a veces otro pequeñísimo, el ya señalado de Vesalio, para una vena emisaria (Figura 25).

Lateralmente, la cara cerebral del ala mayor está limitada por un borde rugoso, cóncavo hacia fuera, que se articula con la porción escamosa del hueso temporal (Figura 23).

— Hueso temporal. La cara anterior o cerebral del peñasco es casi horizontal. Lateralmente, se encuentra limitada por los vestigios de la sutura petroescamosa, mientras que medialmente un ángulo agudo, borde superior o cresta piramidal, la separa de la cara posterior o cerebelosa. Medialmente en la unión de su tercio posterior con sus dos tercios anteriores existe un pronunciado relieve óseo, eminencia arcuata, que corresponde, aunque no exactamente al conducto semicircular anterior del laberinto óseo del oído interno. La porción ósea colocada entre esta eminencia y la fisura petroescamosa es muy delgada y forma el techo del tímpano (tegmen tympani), a este nivel la pared ósea es delgada y forma la pared superior de la cavidad timpánica. Anterior y medial a la eminencia arcuata existen dos diminutos orificios, uno mayor, más interno, hiato del conducto del nervio petroso mayor (hiatus de Falopio), y otro menor, más externo e inferior, o hiato del conducto del nervio petroso menor (hiatus accesorio). Estos orificios se continúan medialmente por unas angostas estrias, los surcos de los nervios petrosos mayor y menor. Medialmente, cerca del vértice de la porción petrosa, se localiza en la cara anterior, la impresión trigeminal (fosa de Gasser), donde se aloja el ganglio del trigémino o de Gasser. El borde posterior de la impresión trigeminal a veces se encuentra saliente, siendo conocido como tubérculo retrogaseriano de Princeteau (Figura 25).

La cara cerebral de la porción escamosa del hueso temporal presenta ciertas eminencias (juga cerebralia) y depresiones (impresiones gyrorum) debidas a las circunvoluciones del lóbulo temporal del cerebro, y surcos vasculares debidos a las ramas de la arteria meníngea media. En el ángulo que forma la porción escamosa con la petrosa pueden verse vestigios de la citada sutura petroescamosa (Figura 25).

2.2.3. Fosa craneal posterior

Límites

Esta fosa es la más profunda y extensa, estando formada por los huesos temporal, occipital y esfenoides. Se encuentra limitada de la fosa craneal media, tal y como ha sido señalado, por el borde superior de la lámina cuadrilátera del hueso esfenoides y las apófisis clinoides posteriores y lateralmente por el borde superior de la porción petrosa o cresta piramidal del peñasco. Posterolateralmente se delimita de la bóveda craneal por los surcos de los senos transversos y la protuberacia occipital interna (Figuras 23 y 24).

Huesos integrantes

— Hueso esfenoides. La cara posterior del dorso de la silla o lámina cuadrilatera del cuerpo del hueso esfenoides se une a la cara posterior de la porción basilar del hueso occipital que constituye el clivus (Figura 23).

— Hueso temporal. La cara posterior de la porción petrosa o cara cerebelosa forma parte de la fosa craneal posterior, es casi vertical y orientada posteromedialmente (Figura 23).
— Hueso occipital. De este hueso contribuyen a esta fosa tres partes: la cara endocraneal de la porción basilar o clivus, cara endocraneal de las porciones laterales y las fosas cerebelosas (Figura 23).

Línea media

De anterior a posterior se observan (Figura 23):

— Cara posterior del dorso de la silla del hueso esfenoides, superficie cuadrilatera por medio de la cual el hueso esfenoides se une al hueso occipital.
— Clivus. Estructura lisa y excavada, canal basilar, correspondiente a la cara posterior de la porción basilar del occipital, está en relación con el puente o protuberancia y la medula oblongada o bulbo raquídeo.
— Foramen magno o foramen occipital. Comunica la cavidad craneal con el conducto vertebral y da paso a la médula oblongada o bulbo raquídeo y sus envolturas, así como a las arterias vertebrales y a cada lado al nervio accesorio (XI nervio craneal).
— Cresta occipital interna. Cresta vertical descendente y saliente, en ella se inserta la hoz del cerebelo. Cerca del agujero occipital termina dividiéndose en dos ramas que delimitan la fosita vermiana. En algunos casos en lugar de la cresta puede existir una fosa.
— Protuberancia occipital interna. De ella parten cuatro crestas: dos horizontales excavadas en canal, surcos de los senos transversos o laterales; una vertical y ascendente, con un canal, surco del seno sagital superior; por último, una cresta media e inferior, la cresta occipital interna. Estas cuatro crestas separan cuatro depresiones o fosas: dos superiores o cerebrales y dos inferiores o cerebelosas. En la protuberancia occipital interna, donde confluyen los tres surcos descritos puede deprimirse el hueso formando la fosilla torcular para la prensa de Herófilo lugar donde confluyen los senos venosos sagital superior y transversos, situados en desdoblamientos de la duramadre a nivel de los surcos descritos, más el seno recto, situado en la base de la hoz del cerebro, en su unión con la tienda del cerebelo. La protuberancia

occipital interna se corresponde con la externa, que es palpable, siendo este un dato importante para saber la zona del hueso que corresponde al cerebro o al cerebelo (Figuras 23 y 24).

Lateralmente a la línea media

— Hueso temporal. En la cara posterior de la porción petrosa encontramos, un poco medial y anterior a su parte media, el orificio auditivo interno, el cual sirve de entrada al conducto auditivo interno. Este conducto se dirige lateralmente y termina, después de 1 cm de trayecto, en fondo de saco. En este fondo óseo existe un tabique que los separa del oído interno, y en él se puede distinguir una cresta transversal y otra vertical menos acusada. Las cuatro áreas limitadas por las crestas presentan orificios: el cuadrante antero superior solo tiene uno, que es la entrada al conducto facial, conducto de Falopio, por el que se introduce el nervio facial, VII nervio craneal y el nervio intermedio o intermediario de Wrisberg. Los otros tres cuadrantes presentan numerosos orificios para ramos que constituyen el nervio vestibulococlear, VIII nervio craneal. Junto a los nervios penetra la arteria laberíntica (Figura 24).

Unos milímetros lateral, superior y posterior al orificio auditivo interno, y en proximidad al borde superior de la porción petrosa, se localiza una estrecha depresión, la fosa subarcuata apreciable en el feto y recién nacido pero insignificante en el adulto, en su fondo se encuentra el orificio anterior del conducto petromastoideo, donde se intrucen vénulas y una prolongación de la duramadre (Figura 24).

En la parte media de la cara posterior y a 1 cm posterior y lateral, con relación al orificio auditivo interno existe otra depresión la fosita ungueal o fosita endolinfática, y en su ángulo superior e interno se encuentra una hendidura que corresponde a la abertura del acueducto vestibular u orificio del acueducto vestibular, donde forma hernia el saco endolinfático y contiene una pequeña arteria y vena (Figura 24).

Lateralmente la cara posterior o cerebelosa de la porción petrosa se continúa con la parte interna de la base de la porción petromastoidea, donde existe un profundo canal, surco del seno sigmoideo, para alojar al seno de igual nombre. En este canal o en su vecindad, se abre el foramen mastoideo, a através del cual pasa la vena emisaria mastoidea (Figura 24).

El borde superior de la porción petrosa o cresta piramidal que separa las caras anterior y posterior es decir las caras cerebral y cerebelosa, es una cresta aguda, sobre la que se labra el surco del seno petroso superior, en el que se aloja el seno petroso superior que desemboca lateralmente en el seno sigmoideo, situado en el surco del mismo nombre (Figura 24).

Sobre la parte más medial de la cara posterior, y cerca del vértice, existe muchas veces un ligero canal o muesca para el nervio abducens (VI nervio craneal), y cerca de su borde inferior un canal casi imperceptible para el seno petroso inferior, surco del seno petroso inferior (Figura 24).

— Hueso occipital. Las partes laterales de la porción basilar se encuentran ligeramente deprimidas para constituir con el canal referido en la porción petrosa del hueso temporal, el surco del seno petroso inferior (Figura 24).

En la cara endocraneal de las partes laterales se observa el foramen yugular (agujero rasgado posterior) limitado por la escotadura yugular del hueso occipital y la existente en el borde posterior de la porción petrosa del hueso temporal. Este orificio está subdividido en dos porciones por un saliente agudo del hueso temporal y por otro mas pequeño del hueso occipital, son las apófisis intrayugulares, entre las que salta el ligamento petrooccipital o yugular que, a veces, se osifica. En la porción posterior se aloja el bulbo superior de la vena yugular interna y por la anterior pasan los nervios accesorio (XI), vago (X) y glosofaríngeo (IX). Un detalle significativo de las porciones laterales es el surco del seno sigmoideo, que se continúa con el del mismo nombre del hueso temporal, formando en conjunto un surco con forma de S alargada. Medial y anterior al surco del seno sigmoideo el hueso se eleva ligeramente, formando el tubérculo yugular, sobre cuya cara lateral puede observarse el surco huella de los nervios que salen por el agujero yugular (IX, X y XI nervios craneales). Posterior e inferior a este tubérculo se localiza el orificio interno del conducto del nervio hipogloso que, a veces, se encuentra desdoblado (Figura 24).

Las fosas cerebelosas son dos depresiones situadas a ambos lados de la cresta occipital interna, destinadas alojar el cerebelo. Están limitadas superiormente por los surcos transversos que se continúan lateralmente por los surcos de los senos sigmoideos (Figuras 23 y 24).

B. Mandíbula

Constituye por sí solo el macizo facial inferior. Siendo el único hueso de la cabeza que se articula por medio de una doble diartrosis con los huesos temporales. Se distingue en el tres partes: un cuerpo en la parte media, y dos ramas en las partes laterales (Figura 1).

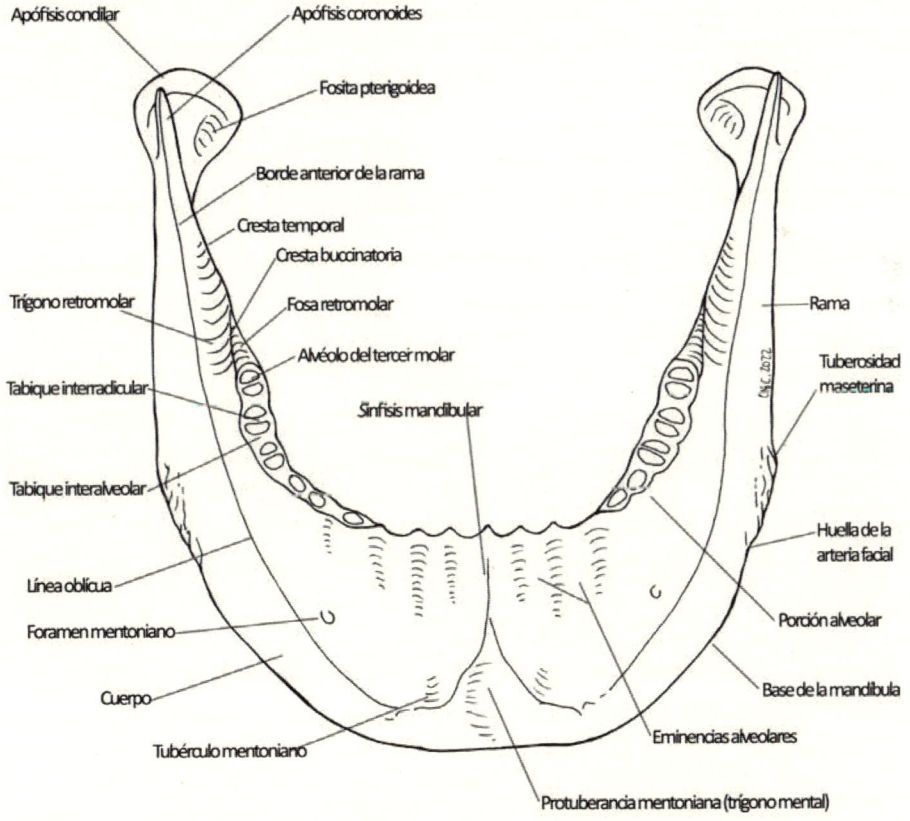

Figura 26. Mandíbula. Visión rostral o anterior.

1. Cuerpo

Es una robusta lámina ósea en forma de arco con una cara anterior o superficial convexa en dirección transversal, una cara posterior cóncava, un
borde superior o alveolar y un borde inferior. La cara anterior presenta en
la línea media una cresta vertical, la sínfisis mandibular, que representa el
vestigio de la unión de las dos hemimandíbulas. Su parte inferior termina en
la protuberancia mentoniana, espacio triangular (trígono mental), cuya base
corresponde al borde inferior del cuerpo, los extremos laterales de esta base,
ligeramente prominentes, forman los tubérculos mentonianos. Del tubérculo
mentoniano de cada lado parte la línea oblicua, que cruza diagonalmente
la cara anterolateral del cuerpo y termina en el borde anterior de las ramas,
en ella se insertan músculos faciales de la cabeza. Sobre la línea oblicua, a
la misma distancia de los bordes del cuerpo de la mandíbula, y a la altura
entre los dientes primer y segundo premolar o al nivel de uno de ellos, se
encuentra el foramen mentoniano, a veces doble, que corresponde al orificio
del conducto mentoniano, que da paso a los vasos y nervios mentonianos
(Figura 26). El conducto dentario al llegar a la altura aproximada del ápice
del segundo premolar se divide en un conducto externo, el conducto mentoniano, y otro interno el conducto incisivo que continua su trayecto aunque
en un nivel más inferior y finaliza bajo las raíces de los dientes incisivos,
por el cursa el nervio incisivo.

La cara posterior o profunda del cuerpo presenta en la línea media, y cerca del borde inferior, cuatro pequeñas eminencias: dos superiores, un poco
mayores, una a cada lado de la línea media son las espinas mentonianas superiores (geni superiores), para la inserción de los músculos genioglosos, y
dos inferiores igualmente una a cada lado de la línea media y poco aparentes,
que corresponden a las espinas mentonianas inferiores (geni inferiores), para
los músculos genihioideos. Fecuentemente las espinas mentonianas inferiores, y en ocasiones las cuatro apófisis, están fusionadas. De la parte lateral
de las espinas mentonianas inferiores parte a cada lado la línea milohioidea,
que, cruzando oblicuamente la cara posterior, se dirige al borde anterior de
la rama de la mandíbula, formando el labio medial de su borde anterior, en
ella toma origen el músculo milohiodeo. Inferiormente a la línea milohiodea,
en la parte posterior del cuerpo, existe un surco angosto que corresponde al
surco milohioideo por donde discurren los vasos y nervio del mismo nombre (Figura 27). Superiormente a la línea milohiodea, existe una excavación,
sobre todo en su parte anterior, que, por estar en relación con la glándula

sublingual, se denomina fosita sublingual. Inferiormente a la línea milohioidea, existe otra depresión, fosita submandibular, relacionada con la glándula submandibular (Figura 27).

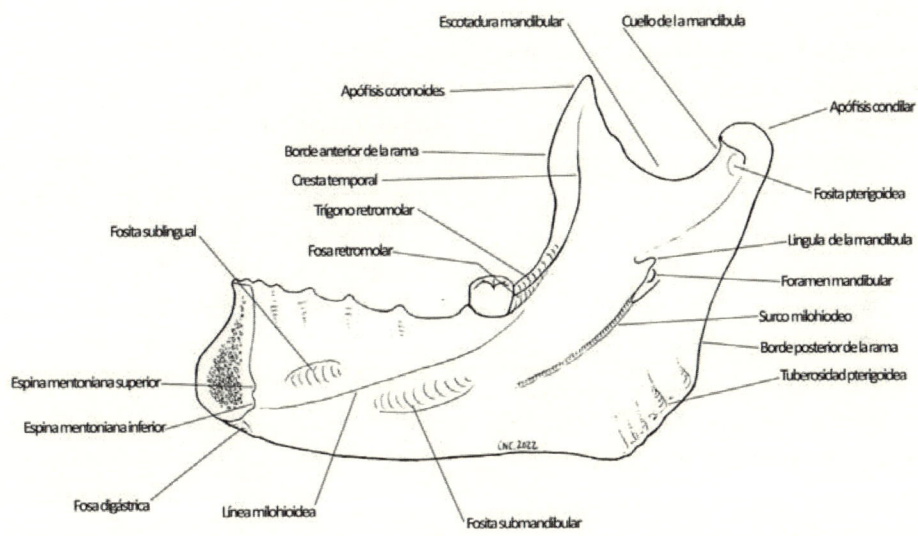

Figura 27. Sección media de la mandíbula para observar su cara medial.

El borde superior del cuerpo corresponde al borde alveolar, así llamado por contener las cavidades o alvéolos dentarios que contiene las raíces de los dientes inferiores. Los alvéolos se encuentran separados por unos septos óseos, tabiques interalveolares, y en los alvéolos correspondientes a los dientes molares, existe un tabique interradicular. Las raíces de los dientes determinan relieves en la cara superficial de la mandíbula, formando las eminencias alveolares (Figura 26).

El borde inferior redondeado y grueso, constituye la base de la mandíbula, presenta a ambos lados de la línea media, la fosa digástrica, que en realidad son pequeñas depresiones para la inserción del vientre anterior del músculo digástrico. Cerca del ángulo de la mandíbula el borde inferior presenta un surco, huella del paso de la arteria facial (Figuras 26 y 27).

2. Ramas

Las ramas de la mandíbula son dos láminas rectangulares más delgadas que el cuerpo, aplanadas de fuera a dentro. Forman con el cuerpo un ángulo mayor de 90º (Figura 27).

La cara lateral posee en su parte inferior unas rugosidades para la inserción del músculo masetero, es la tuberosidad maseterina (Figura 26). La cara medial presenta al mismo nivel la tuberosidad pterigoidea para la inserción del músculo pterigoideo medial (Figura 27). Casi en el centro de la cara medial se encuentra el foramen mandibular, corresponde al orificio del conducto mandibular, por el cual penetran los vasos y nervio alveolar inferior. Se encuentra situado en la prolongación del reborde alveolar. Anteriormente este orificio se encuentra limitado por la língula de la mandíbula o espina de Spix, laminilla ósea triangular de vértice craneal donde se inserta el ligamento esfenomandibular. Posteriormente al foramen mandibular se encuentra, en ocasiones, otro saliente más pequeño denominado antilíngula. En el foramen mandibular comienza el surco milohioideo, descrito anteriormente, a veces transformado parcialmente en un conducto por una laminilla ósea (Figuras 27 y 28).

El conducto mandibular, es un conducto de sección circular que recorre la mandíbula en la mayor parte de su extensión, se extiende desde el foramen mandibular hasta su división en conducto mentoniano que se abre en el foramen mentoniano y conducto incisivo que finaliza cerca de la línea media del cuerpo a nivel de los incisivos. El conducto de Robinson, es un pequeño conducto vascular y nervioso muy fino que desde el foramen mandibular finaliza en el alvéolo del tercer molar, corresponde a un conductillo radicular más desarrollado destinado al alvéolo del tercer molar.

El borde superior de las ramas ofrece dos robustas eminencias. La posterior constituye la apófisis condilar, la anterior es la apófisis coronoides. Se encuentran separadas por la escotadura mandibular o sigmoidea, cóncava superiormente, por la que pasan el nervio y vasos maseterinos. La apófisis condilar es una eminencia cuyo eje mayor está dirigido lateromedialmente y anteroposteriormente, sobresale más en la cara medial que en la lateral de la rama de la mandíbula y presenta la superficie articular para el temporal, denominada cóndilo de la mandíbula o cabeza de la mandíbula. El cóndilo es convexo en todas direcciones, y sus ejes están orientados de tal manera que sus prolongaciones se cruzarían un poco por delante del centro del foramen magno. La apófisis condilar se encuentra unida al resto de la rama mandibular por una porción más estrecha o cuello de la mandíbula. En la parte medial del cuello existe la fosita pterigoidea, pequeña depresión para la inserción del músculo pterigoideo lateral. La apófisis coronoides es una lámina triangular, sobre cuya cara medial y borde anterior se inserta el músculo temporal (Figuras 26, 27 y 28).

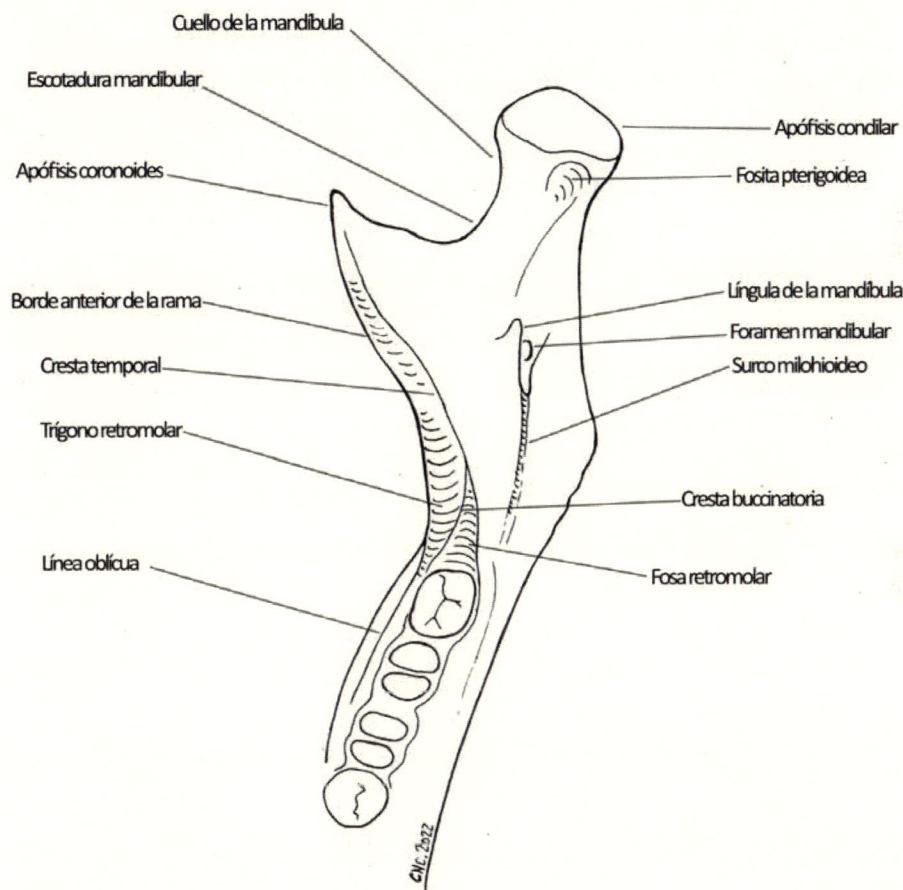

Figura 28. Visión superior y medial de la mandíbula.

El borde anterior de la rama es delgado, convexo en su mitad superior y cóncavo en la mitad inferior, se contínua en dirección superior con el borde anterior de la apófisis coronoides, mientras que inferiormente lo hace con la línea oblicua. Medial al borde anterior se observa una cresta que nace de la cara medial de la apófisis coronoides y se dirige oblicuamente inferior y posteriormente, es la cresta temporal, sobre la que se inserta el músculo temporal. A veces, posterior al alvéolo del tercer molar, se bifurca en dos crestas secundarias, una medial bien marcada que se prolonga sobre la cara medial de la mandíbula a nivel del reborde alveolar del tercer molar, y otra lateral que se dirige paralelalmente a la línea oblicua para perderse en el reborde lateral del tercer molar, es la cresta buccinatoria o buccinatriz sobre al que se inserta el musculo buccinador, estas dos crestas delimitan la fosa retromolar. Entre la cresta temporal y la buccinatoria por un lado y el borde anterior de la rama por otro se forma un canal que termina lateral al último molar, en su parte superior presta inserción al tendón del músculo temporal, y en su parte inferior más excavada forma el trígono retromolar (Figuras 27 y 28). El borde dorsal de las ramas es grueso y redondeado, describe una curva en S, al estar relacionado con la glándula parótida se llama borde parotídeo (Figura 27). La unión de los bordes posterior de la rama e inferior del cuerpo, constituyen el ángulo de la mandíbula, de unos 120 ° en el adulto, en cuyo vértice se localiza el gonion (Figura 29).

C. Puntos antropométricos

También denominados craniométricos o puntos singulares, se pueden dividir en dos grupos, situados en la linea media y lateralmente a la línea media y por tanto pares (Figuras 2, 3, 4, 7 y 29).

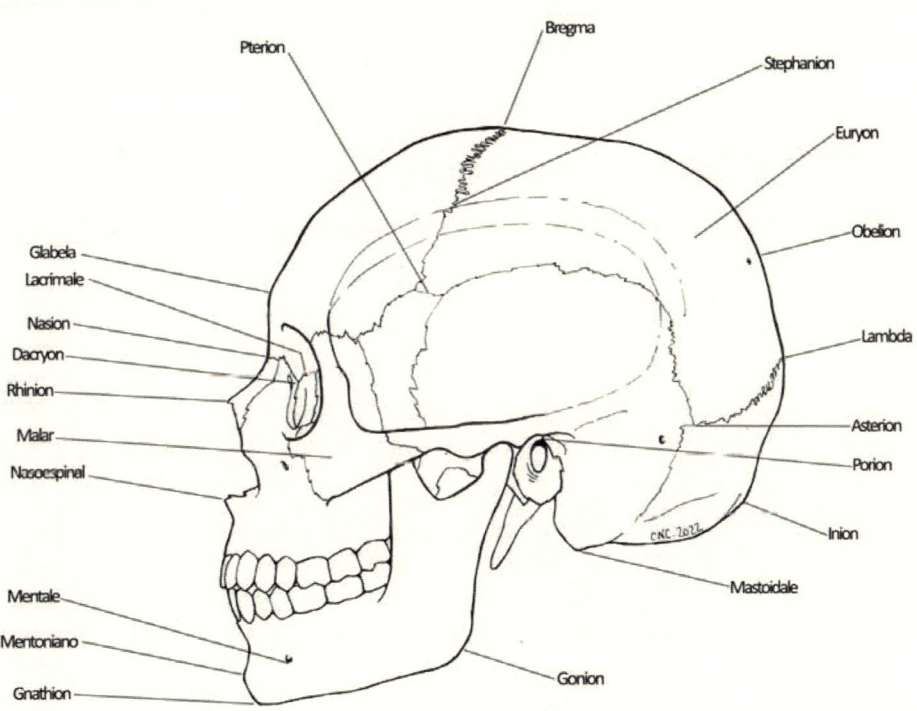

Figura 29. Norma lateral del esqueleto de la cabeza y puntos antropométricos.

1. Puntos medios

– Gnathion. Punto saliente más inferior de la sínfisis mandibular.
– Mentoniano o punto sinfisario. Punto virtual mediano más saliente de la protuberancia mentoniana.
– Nasoespinal. En la espina nasal anterior.
– Rhinion. Punto medio en el extremo inferior de la sutura internasal.
– Nasion. Punto medio de la sutura frontonasal o de la sutura internasal con el hueso frontal.
– Glabela. Saliente medio comprendido entre los dos arcos superciliares.
– Bregma. En la unión o cruce de las sutura sagital y coronal. Corresponde a la fontanela mayor del recién nacido.
– Obelion. Situado en la sutura sagital entre los forámenes parietales.
– Lambda. En la unión o cruce de las sutura sagital y lambdoidea.
– Inion. En la protuberancia occipital externa.
– Opisthion. Punto medio del borde posterior del foramen magno.
– Basion. Punto medio del borde anterior del foramen magno.

2. Puntos laterales

– Dacryon. En la confluencia de las suturas lacrimomaxilar y frontolagrimal.
– Lacrimale. Punto donde la cresta lacrimal posterior se encuentra con la sutura frontolacrimal.
– Malar. Punto más saliente de la cara lateral del hueso cigomático o malar.
– Pterion. Punto virtual en el centro de confluencia de los huesos frontal, parietal, esfenoides y temporal en la fosa temporal.
– Stephanion. Punto del cruce de la sutura coronal con la línea temporal superior.
– Porión. Punto sobre el borde superior del conducto auditivo externo.
– Mastoidale. Punto más inferior de la apófisis mastoides.
– Euryon. Corresponde al centro de la tuberosidad parietal.
– Asterion. Punto de confluencia de los huesos parietal, occipital y apófisis mastoides del hueso temporal que corresponde a las suturas lambdoidea, parietomastoidea y occipitomastoidea.
– Gonion. Vértice del ángulo de la mandíbula.
– Mentale. Punto más inferior en el margen del foramen mentoniano.

D. Agujeros, conductos, forámenes y orificios

- *Agujero etmoidal*: nervio etmoidal anterior y vasos etmoidales anteriores.
- *Agujero frontoesfenoidal*: ramito arterial.
- *Conductillo coclear*: comunica con la cóclea del oído interno y en el feto se aloja una prolongación del espacio perilinfático.
- *Conducto condíleo o agujero condíleo posterior*: vena emisaria.
- *Conducto craniofaríngeo*: conducto remanente de la emigración bolsa de Rathke origen de la adenohipófisis.
- *Conducto incisivo*: nervios nasopalatinos y vasos nasopalatinos.
- *Conductillo mastoideo*: ramo auricular del nervio vago.
- *Conductos musculotubáricos*:
    • Conducto para el músculo tensor del tímpano o del martillo: desde la cavidad timpánica hasta la base del exocráneo, contiene el músculo tensor del tímpano.
    • Conducto para la trompa auditiva: desde la cavidad timpánica hasta la base del exocráneo, contiene la trompa auditiva o de Eustaquio.
- *Conducto nasolagrinal*: comunica la órbita con el meato inferior de la cavidad nasal ósea.
- *Conducto del nervio hipogloso*: nervio hipogloso, XII nervio craneal y plexo venoso condíleo anterior.
- *Conducto óptico*: nervio óptico y arteria oftálmica.
- *Conducto palatovaginal (conducto faríngeo de Bock)*: nervio faríngeo y arteria pterigopalatina.
- *Conducto pterigoideo (conducto vidiano)*: arteria y nervio del conducto pterigoideo o nervio vidiano.
- *Conducto vomerorostral (esfenovomeriano medio)*: tejido conjuntivo, venas y la rama arterial destinada al cuerpo del esfenoides y cartílago del tabique.

– *Conducto vomerovaginal*: venas.

– *Escotadura frontal*: ramo medial del nervio supraorbitario y arteria supratroclear.

– *Escotadura supraorbitaria (foramen supraorbitario)*: ramo lateral del nervio supraorbitario y arteria supraorbitaria.

– *Fisura orbitaria inferior (hendidura esfenomaxilar)*: nervios infraorbitario y cigomático, vasos infraorbitarios, y venas anastomóticas entre venas oftálmicas y plexo pterigoideo.

– *Fisura orbitaria superior (hendidura esfenoidal)*: ramos superior e inferior del nervio oculomotor (III); nervio abducens (VI); nervio troclear (IV); nervio frontal, nervio nasociliar y lagrimal (ramos del nervio oftálmico,Va V1); raíz simpática del ganglio ciliar; vena oftálmica superior y ramo orbitario de la arteria meníngea media.

– *Fisura petrotimpánica (de Glasser)*: cuerda del tímpano y ligamento discomaleolar.

– *Forámenes alveolares*: vasos y nervios alveolares superiores posteriores.

– *Foramen ciego*: prolongación de la duramadre.

– *Foramen cigomático-orbitario*: nervio cigomático.

– *Foramen cigomáticofacial*: nervio cigomáticofacial.

– *Foramen cigomáticotemporal*: nervio cigomáticotemporal.

– *Foramen esfenopalatino*: comunica la cavidad nasal con la fosa pterigopalatina, nervio nasopalatino, nervios nasales posteriores superiores y arteria y vena esfenopalatina.

– *Foramen espinoso (redondo menor)*: arteria meníngea media y nervio recurrente meníngeo de Luschka.

– *Foramen estilomastoideo*: nervio facial (VII nervio craneal) y arteria estilomastoidea.

– *Foramen etmoidal anterior*: nervio etmoidal anterior y vasos etmoidales anteriores.

– *Foramen etmoidal posterior*: nervio etmoidal posterior (nervio esfenoetmoidal de Luschka) y vasos etmoidales posteriores.

– *Foramen infraorbitario*: nervio infraorbiatario y vasos infraorbitarios.

– *Foramen lacerum (agujero rasgado anterior)*: nervio del conducto pterigoideo o vidiano y ramo meníngeo de la arteria faríngea ascendente.

– *Forámenes de la lámina cribosa*: nervios olfatorios.

– *Foramen magno u occipital*: médula oblongada, arterias vertebrales y a ambos lados el nervio accesorio.

– *Foramen mandibular*: vasos y nervio alveolar inferior.

– *Foramen mentoniano*: vasos y nervio mentoniano.

– *Foramen mastoideo*: vena emisaria mastoidea

– *Foramen nasal*: ramo arterial de la arteria angular.

– *Foramen oval*: nervio mandibular (Vc-V3) y arteria meníngea accesoria.

– *Foramen palatino mayor y conducto palatino mayor*: nervio y arteria palatina mayor.

– *Forámenes palatinos menores y conductos palatinos menores*: vasos y nervios palatinos menores.

– *Foramen parietal o de Santorini*: vena emisaria de Santorini.

– *Foramen petroso u orificio superior del conducto inominado de Arnold*: nervio petroso menor (o nervio petroso superficial menor) unido con el ramo comunicante del plexo timpánico.

– *Foramen rotundum o redondo mayor*: nervio maxilar (Vb-V2).

– *Foramen venoso o de Vesalio*: vena emisaria.

– *Foramen yugular (agujero rasgado posterior)*: vena yugular interna y nervios glosofaríngeo, vago y accesorio, IX, X y XI nervios craneales respectivamente y arteria meníngea posterior.

– *Fosa subarcuata y conducto petromastoideo*: vena y prolongación duramadre.

– *Hendidura etmoidal*: prolongación de la duramadre.

– *Hiato del conducto del nervio petroso mayor o hiatus de Falopio*: nervio petroso mayor.

– *Hiato del conducto del nervio petroso menor o hiatus accesorio*: nervio petroso menor.

– *Orificio del acueducto vestibular*: saco endolinfático, arteria y vena.

– *Orificio auditivo externo*: comunica con el conducto auditivo externo y este con la cavidad timpánica.

– *Orificio auditivo interno*: nervio facial (VII nervio craneal) con el nervio intermedio, nervio vestibulococlear, arteria laheríntica.

– *Orificio del conductillo timpánico*: nervio timpánico o de Jacobson y ramo timpánico de la arteria faríngea ascendente.

– *Orificio externo del conducto carotídeo*: arteria carótida interna y el plexo que forma el nervio carotídeo interno del simpático.

– *Orificio interno del conducto carotídeo*: arteria carótida interna y el plexo que forma el nervio carotídeo interno del simpático.

– *Surco etmoidal, y escotadura nasal*: ramo nasal externo del nervio etmoidal anterior.

Bibliografía

Adachi B. Anatomische Untersuchungen an Japanem. Z Morphol Antropol.1900 2: 198-222.

Agarwal SK, Malhotra VK, Tewari SP. Incidence of the metopic suture in adult Indian crania. Acta Anat. 1979 105: 469-474.

Aksu F, Ceri NG, Arman C, Zeybek FG, Tetik S. Location and incidence of the zygomaticofacial foramen: An anatomic study. Clin Anat. 2009 22: 559-562.

Athavale SA. Morphology and compartmentation of the jugular foramen in adult Indian skulls. Surg Radiol Anat. 2010 32: 447-453.

Bachmann W. Die Topographie des anatomischen Ostium internum der Nase im Hinblick auf seine funktionelle Bedeutung. Z Laryng Rhinol. 1969 48: 263-270.

Bajwa M, Srinivasan D, Nishikawa H, Rodrigues D, Solanki G, White N. Normal fusion of the metopic suture. J Craniofac Surg. 2013 24:1201-1205.

Beltrami F. Considérations sur le mandibule chez l´homme. Rev Stomatol.1946 47:1-9.

Benninghoff A. Lehrbuch der Anatomie des Menschen. Berlín: Urban & Schwarzenberg; 1949.

Bönheim E. Das trigonum retromolare. Korresp Bl Zahnärzte (Berlin).1922 48:85-101.

Boskovic¢ M, Savic¢ V, Josifov J. Über die Sinus petrosi und ihre Zuflüsse. Gegenbaurs Morphol Jahrb. 1963 104: 420-429.

Bouchet A, Cuilleret J. Anatomía descriptiva, topográfica y funcional. Buenos Aires: Editorial Médica Panamericana S.A.; 1986.

Braus H, Elze C. Anatomie des Menschen. Berlin: Springer; 1954.

Brunn A von. Das Foramen pterygospinosum (Civinini) und der Porus crotaphiticobuccinatorius (Hyrtl). Anat Anaz. 1891 6: 96-104.

Burdan F, Szumiło J, Walocha J, Klepacz L, Madej B, Dworzański W, Klepacz R, Dworzańska A, Czekajska-Chehab E, Drop A. Morphology of the foramen magnum in young Eastern European adults. Folia Morphol (Warsz). 2012 71: 205-216.

Buschkowitsch WJ. Ueber das "Tuberculum orbitale" des Jochbeins des Menschen. Anat Anz. 1927 63: 353-357.

Carter RB, Keen EN. The intramandibular course of the inferior alveolar nerve. J Anat. 1971 108: 433-440.

Catalina-Herrera Cl. Study of the anatomic metric values of the foramen magnum and its relation to sexo. Acta Anat. 1987 130: 344-347.

Chaisuksunt V, Kwathai L, Namonta K, Rungruang T, Apinhasmit W, Chompoopong S. Occurrence of the foramen of Vesalius and its morphometry relevant to clinical consideration. Scientific World Journal. 2012 2012: 817454.

Chethan P, Prakash KG, Murlimanju BV, Prashanth KU, Prabhu LV, Saralaya VV, Krishnamurthy A, Somesh MS, Kumar CG. Morphological analysis and morphometry of the foramen magnum: an anatomical investigation. Turk Neurosur. 2012 22: 416-419.

Cirpan S, Aksu F, Mas N. The incidence and topographic distribution of sutures including Wormian bones in human skulls. J Craniofac Surg. 2015 26: 1687-1690.

Crépy C. Anatomie Cervico-Faciale. Vol. 1. París: Masson; 1967.

Comité Federal sobre Terminología Anatómica (FCAT). Terminología Anatómica. Madrid: Editorial Médica Panamericana; 2001.

Dauber, W. Feneis nomenclatura anatómica ilustrada. Barcelona: Masson; 2006.

Debakan A. Tables of cranial and orbital measurements, cranial volume, and derived indexes in males and females, from 7 days to 20 years of age. Ann Neurol. 1977 2: 485-491.

de Freitas V, Madeira MC, Toledo Filho JL, Chagas CF. Absence of the mental foramen in dry human mandibles. Acta Anat. 1979 104: 353-355.

Didio LJ. Observações sobre o "tuberculo orbitario" de Whitnall no osso zigomatico de homem (com pesquisas no vivo). Anais Fac Med S Paulo. 1942 18: 43-63.

Du Brul EL. Sicher/Du Brul, Anatomía oral. Barcelona: Ediciones Doyma; 1990.

Eloff FC. On the relations of the human vomer to the anterior paraseptal cartilages. J Anat.1952 86: 16-19.

Gabriel AC. Some anatomical features of the mandible. J Anat. 1958 92:580-586.

Govsa F, Kayalioglu G, Erturk M, Ozgur T. The superior orbital fissure and its contents. Surg Radiol Anat. 1999 21: 181-185.

Grosse U. Über das foramen pterygo-espinosum Civinini und das Foramen crotaphiticobuccinatorium Hyrtl. Anat Anaz. 1893 8: 321-348.

Gulisano, M., P. Pacini, G. E. Orlandini, G. Colosi. Considerazioni anatomo radiologiche sui seni frontali: ricerca statistica su 520 casi umani. Arch Ital Anat Embriol. 1978 83: 9-32.

Hajiioannou J, Owens D, Whittet HB. Evaluation of anatomical variation of the crista galli using computed tomography. Clin Anat. 2010 23: 370-373.

Hartikainen J, Aho HJ, Sepp H, Grenman R. Lacrimal bone thickness at the lacrimal sac fossa. Ophthalmic Surg Lasers. 1996 27: 679-684.

Henle J. Handbuch der systematischen Anatomie des Menschen. Braunschweig: Vieweg und Sohn; 1871.

Hyrtl, J. Handbuch der topographischen Anatomie. Bd 1. Wien: Braumüller; 1853.

Inke G, Schulze G. Die Unbrauchbarkeit der Unterkiefermabe, die von der Alveolarrandlinie gemessen werden. Anat Anz.1968 123: 105-110.

Jovanovic S. Supernumerary frontal sinuses on the roof of the orbit: their clinical significance. Acta Anat. 1961 45: 133-142.

Juvara E. Anatomie de la región ptérigomaxillaire. Thése No.186. París: Battaille and Cie; 1895.

Kadanoff D, Matufov S, Jordanov J. Antropologische und anatomische Charakteristik des knörchernen Gaumens. Gegenbaurs Morphol Jahrb. 1970 114: 169-176.

Kim HS, Oh JH, Choi DY, Lee JG, Choi JH, Hu KS, Kim HJ, Yang HM. Three dimensional courses of zygomaticofacial and zygomaticotemporal canals using micro-computed tomography in Korean. J Craniofac Surg. 2013 24: 1565-1568.

Lang J. Clinical anatomy of the head: neurocranium-orbito-craniocervical regions. Berlín: Springer; 1983.

Lang J. Craniocervical region, osteology and articulations. Neuro-Ortho-pedics. 1986 1: 67-92.

Lang J. Clinical Anatomy of the Masticatory Apparatus and Peripharingeal Spaces. Stuttgart: Georg Thieme Verlag;1995.

Lang J, S Bressel. Über den Hiatus sernilunaris, das Infundibulum und das Ostium des Sinus rnaxillaris, die vordere Ansatzzone der Concha nasalis media und deren Abstande zu Landmarken an der AuBen und Innennase. Gegenbaurs Morphol Jahrb. 1988 134: 637-646.

Lang J, Brückner B. Über dicke und dünne Zonen des eurocranium, Impressiones gyrorum und Foramina parietalia bei Kindern und Erwachsenen. Anat Anz. 1981 149: 11-50.

Lang J, Hofmann S, Maier R, Schafhauser O. Über postnatale Wachs tumsveranderungen im Bereich der Fossa cranialis posterior, 1: Facies posterior partis petrosae (porus acusticus internus, fossa subarcuata, apertura externa, aqueductus vestibuli, apertura externa canaliculi cochleae). Gegenbaurs Morphol Jahrb. 1981 127: 305-42.

Lang J, Issing P. Über Messungen am Clivus, den Foramina an der Basis cranii externa und den oberen drei Halswirbeln. Anat Anz.1989 169: 7-34.

Lang J, Sakals E. Über den Recessus spheno-ethmoidalis, die Apertura nasalis des Ductus nasolacrimalis und den Hiatus semilunaris. Anat Anz.1982 152: 393-412.

Lang J, Schafhauser O, Hoffmann S. Über die postnatale Entwicklung der transbasalen Schadelpforten: canalis caroticus, foramen jugulare, canalis hypoglossalis, canalis condylaris und foramen magnum. Anat Anz. 1983 153: 315-57.

Lang J, Schlehahn F. Foramina ethmoidalia and Canales ethmoidales. Verh Anal Ges (Jena). 1978 72: 433-435.

Lang J, Schreiber T. Über Form und Lage des Foramen jugulare (Fossa jugularis), des Canalis caroticus und des Foramen stylomastoideum sowie deren postnatale Lageveranderungen. HNO. 1983 31: 80-7.

Le Double AF. Traité des variations des os de la face. París: Vigot Frères, éditeurs;1903.

Le Double AF. Traité des variations des os du crane de l´homme et de leur signification au point de vue de l´Anthropologie zoologique. París: Vigot Frères, éditeurs; 1903.

Loukas M, Owens DG, Tubbs RS, Spentzouris G, Elochukwu A, Jordan R. Zygomaticofacial, zygomaticoorbital and zygomaticotemporal foramina: anatomical study. Anat Sci Int. 2008 83: 77-82.

Matsuda Y. Location of the dental foramina in human skulls from statistical observations. J Orthod Oral Surg. 1927 13: 299-305.

Melsen B. Time and mode of closure of the spheno-occipital synchondrosis determined on human autopsy material. Acta Anat. 1972 83: 112.

Naderi S, Korman E, Citak G, Güvençer M, Arman C, Senoğlu M, Tetik S, Arda MN. Morphometric analysis of human occipital condyle. Clin Neurol Neurosurg. 2005 107: 191-199.

Nicolic´ V. Variations of the sphenopalatine foramen. Acta Anat. 1967 68: 189-198.

Olivier E. Le canal dentaire inférieur et son nerf chez l´adulte. Ann Anat Pathol. 1927 4: 975-987.

Orts Llorca F. Anatomía humana. Tomo 1. Barcelona: Editorial científico médica; 1987.

Paturet G. Traité d 'Anatomie Humaine. Tome 1. París: Masson; 1951.

Peker TV, Pelin C, Turgut HB, Anil A, Sevim A. Various types of suprameatal spines and depressions in the human temporal bone. Eur Arch Otorhinolaryngol. 1998 255: 391-395.

Pelletier M. Anatomie Maxillo-Faciale. París: Maloine; 1969.

Poirier P, Charpy A. Traité D´Anatomie Humaine. Tome premier. París: Masson et Cie, éditerurs; 1911.

Ray B, Gupta N, Ghose S. Anatomic variations of foramen ovale. Kathmandu Univ Med J. 2005 3: 64-68.

Reymond J, Charuta A, Wysocki J. The morphology and morphometry of the foramina of the greater wing of the human sphenoid bone. Folia Morphol (Warsz). 2005 64: 188-193.

Robinson N. Sur un troisiéme canal mandibulaire chez l' enfant. Cr Acad Sci. 1906 143: 554-559.

Romanes GJ. Cunningham Tratado de anatomía. Madrid: Interamericana-McGraw-Hill; 1987.

Rodríguez Vázquez JF, Mérida Velasco JR, Jiménez Collado J. A study of the os goniale in man. Acta Anat. 1991 142: 188-92.

Rodríguez Vázquez JF, Merída Velasco JR, Jiménez Collado J. Relationships between the temporomandibular joint and the middle ear in human fetuses. J Dent Res. 1993 72:62-6.

Rodríguez Vázquez JF, Mérida Velasco JR. Anatomía aplicada a los implantes osteointegrados dentales. En: Jiménez López, V: Rehabilitación oral en prótesis sobre implantes. Su relación con la estética, oclusión, A.T.M., ortodoncia, fonética y laboratorio. Madrid: Editorial Quintessence, S.L.; 1998.

Rodríguez-Vázquez JF, Mérida-Velasco JR, Mérida-Velasco JA, Jiménez-Collado J. Anatomical considerations on the discomalleolar ligament. J Anat. 1998 192: 617-21.

Rodríguez-Vázquez JF, Murakami G, Verdugo-López S, Abe S, Fujimiya M. Closure of the middle ear with special reference to the development of the tegmen tympani of the temporal bone. J Anat. 2011 218: 690-8.

Rouvière H, Delmas A. Anatomía humana. Descriptiva, topográfica y funcional. Tomo1. Barcelona: Masson; 2005.

Scanavine AB, Navarro JA, Megale SR, Anselmo-Lima WT. Anatomical study of the sphenopalatine foramen. Braz J Otorhinolaryngol. 2009 75: 37-4.

Sharma PK, Malhotra VK, Tewari SP. Variations in the shape of the superior orbital fissure. Anat Anz. 1988 I65: 55-56.

Schünke, M, Schulte, E, Schumacher, U. Prometheus. Texto y atlas de anatomía. Tomo 3: cabeza, cuello y neuroanatomía. Madrid: Editorial Médica Panamericana, S.A., 2022.

Stieda L. Über die Gefäßfurche am knöchernen Gaumen des Menschen. Anat Anz. 1894 9: 729-735.

Srivastava HC. Ossification of the membranous portion of the squamous part of the occipital bone in man. J Anat. 1992 180: 219-224.

Stotland MA, Do NK, Knapik TJ. Bregmatic wormian bone and metopic synostosis. J Craniofac Surg. 2012 23: 2015-2018.

Sappey PHC. Traité D´Anatomie Descriptive. Tome premier. París: Adrien Delahaye, Libraire-éditeur; 1867.

Sobotta, Atlas de anatomía humana. Paulsen, F, Waschke, J (editores). Cabeza, cuello y neuroanatomía. Barcelona: Elsevier España, S.L.; 2012.

Standring S. Gray´s Anatomy. The Anatomical Basis of Clinical Practice. Edimburgo: Elsevier Churchill Livingstone; 2005.

Tandler J. Lehrbuch der Systematischen Anatomie. 2 Band. Leipzig:Verlag Von F.C.W.Vogel; 1923.

Tebo H G, Telford I R. An analysis of the variations in positions of the mental foramina. Anat Rec. 1950 107: 61-66.

Testut L, Latarjet A. Tratado de anatomía humana. Tomo 1. Barcelona: Salvat Editores; 1975.

Udupi S, Srinivasan JK. Interparietal (Inca) bone: a case report.Int J Anat Var. 2011 4: 90-92.

von Luschka H. Die Anatomie des menschlichen Kopfes. Tubinga: Laupp; 1867.

Waldeyer A. Anatomie des Menschen. II Teil. Berlín: Walter de Gruyter & CO; 1950.

Wang T M, Kuo K J, Shih C, Ho L L, Liu J C. Assessment of the relative locations of the greater palatine foramen in adult Chinese skulls. Acta Anat. 1988 132: 182-186.

Westmoreland EE, Blanton PL. An analysis of the variations in position of the greater palatine foramen in the adult human skull. Anat Rec. 1982 204: 383-388.

White TD, Black MT, Folkens PA. Human Osteology. Amsterdam: Elsevier Academic Press; 2012.

Whitnall SE.The Anatomy of the Human Orbit. Londres: Oxford University Press; 1932.

Zuckerkandl E. Die Siebbeinmuscheln des Menschen. Anat Anz. 1892 7: 13-25.

Índice figuras

Índice alfabético

Cresta etmoidal del maxilar 50
Cresta frontal 63, 66
Cresta incisiva 28
Cresta infratemporal del ala mayor del hueso esfenoides 29, 58, 59
Cresta lagrimal anterior 42, 45
Cresta lagrimal posterior 42, 43
Cresta nasal del maxilar 47
Cresta occipital externa 25, 36
Cresta occipital interna 74, 76
Cresta palatina (cresta marginal) 28
Cresta piramidal del peñasco 69, 72, 73, 76
Cresta sinostósica 37
Cresta supramastoidea 34, 35, 57
Cresta temporal 82
Criba orbitaria de Welcker 41
Cuello de la mandíbula 81
Cuerda del tímpano 34, 86
Cuerpo de la mandíbula 78
Cuerpo del hueso esfenoides 23, 30, 34, 42, 46, 47, 48, 49, 52, 54, 68, 69, 71, 73
Cuerpo del maxilar 37, 38

D

Dacryon 84
Dorso de la silla o lámina cuadrilatera 69, 70, 73, 74

E

Eminencia arcuata 72, 73
Eminencia canina 38
Eminencia frontal o tuberositad frontal 20
Eminencias alveolares 79
Eminencias mamilares (juga cerebralis) 67
Escama del hueso frontal 14, 18
Escama del hueso occipital 17, 19, 36, 63
Escotadura esfenopalatina 52
Escotadura etmoidal 64, 65, 68
Escotadura frontal 46, 86

F

I

L

M

N

R

S

T